THE 3RD (XINGTAI) GARDEN EXPO OF HEBEI PROVINCE

河北省第三届（邢台）园林博览会

论文集

PAPERS COLLECTION

风景园林国际学术交流会、设计艺术专题学术交流会嘉宾演讲精编

《河北省第三届（邢台）园林博览会论文集》编委会 编

中国林業出版社
CFPH China Forestry Publishing House

图书在版编目（CIP）数据

河北省第三届（邢台）园林博览会论文集 /
《河北省第三届（邢台）园林博览会论文集》编委会编.
-- 北京：中国林业出版社, 2020.1
ISBN 978-7-5038-9873-0

Ⅰ. ①河… Ⅱ. ①河… Ⅲ. ①园林－文集 Ⅳ. ①TU986-53

中国版本图书馆CIP数据核字(2020)第016601号

中国林业出版社 · 建筑分社
责任编辑：李　顺　王思源

出版：中国林业出版社（100009 北京西城区刘海胡同7号）
网站：http://www.forestry.gov.cn/lycb.html
印刷：北京中科印刷有限公司
发行：中国林业出版社
电话：（010）8314 3573
版次：2020年8月第1版
印次：2020年8月第1次
开本：1/16
印张：11.75
字数：200千字
定价：268.00元

序

PREFACE

习近平总书记指出，“现在，生态文明建设已经纳入中国国家发展总体布局，建设美丽中国已经成为中国人民心向往之的奋斗目标。”举办风景园林学术交流会，对于加强国内外城市园林绿化的交流与合作，促进园林艺术水平的提升，城市发展环境的改善具有十分重要的意义。本书汇集了河北省第三届园林博览会期间与会专家、学者的学术见解、嘉宾观点，研究成果，具有很高的学术价值，对于河北省未来规划建设发展有很强的借鉴意义。

邢台地处河北省中南部，辖20个县市区，总面积1.24万km^2，总人口790万，处于中原经济区、京津冀协同发展区、环渤海经济区的交汇点。

邢台作为华北地区最古老的城市，境内百里太行山，生态环境优美，山水风光秀丽，地质地貌丰富，拥有国家级地质公园崆山白云洞、国家级风景名胜区太行大峡谷等众多自然景观，是太行山最绿最美最险最奇的一段；邢台还是太行山少有的雨水充沛、物产丰饶、环境优越之地，自古就是泉城，素有“鸳水之滨，襄国故都，依山凭险，地腴民丰”之称，称得上北方水乡，太行湿地。

近年来，邢台上下深入学习贯彻落实习近平生态文明思想，坚定不移走生态优先、绿色发展之路，坚持“绿水青山就是金山银山”理念，把好山好水好风光融入城市，着力提升城市品质。在老城区，大力拆违建、拆临建、拆散乱，新建游园62处、新增绿地134hm^2。在邢东新区采煤塌陷区建设园博园，成为集山、水、泉、城特色为一身，融邢襄文化、燕赵文化、园林文化为一体的园林传世之作。在西部太行山前生态脆弱区谋划建设了340km^2的湿地群，涵养生态水源。同时，实施乡村振兴战略，开展县城建设三年提升行动，优化农村人居环境，培育建设特色小镇，共同构建起“山前湿地群+品质老城+生态公园+活力新城+平原腹地”的生态格局，努力铺就“绿满邢襄、水润古城”的生态底色。

生态优先，绿色发展，需要先进的理念来引领，优秀的成果来借鉴。邢台将进一步巩固成果，为邢台的发展、河北的腾飞搭建一个开放、共享、合作、共赢的平台，共同推动风景园林事业持续、健康、高质量发展。

邢台市人民政府市长 董晓宇

二〇一九年十一月

目录

CONTENTS

中外大师齐聚邢台，为高质量城市发展献计献策

MASTERS FROM CHINA AND FOREIGN COUNTRIES GATHERED IN XINGTAI TO OFFER SUGGESTIONS FOR THE CITY'S HIGH-QUALITY DEVELOPMENT

2019年8月28日，河北省第三届（邢台）园林博览会在邢台盛大开幕，迎接八方来客。本届园博会主题为“太行名郡·园林生活”，突出“公园城市”理念、“生态修复”主题、“文化传承”内涵，秉承生态环保、文化传承、创新引领、永续利用的原则，依托邢台厚重的历史文化积淀和太行山优美的自然资源，倾心将园博会打造成为中国园林经典传世之作。园博会也为学术交流提供了平台，众多院士、国际组织领导、国际大师及国内外专家学者相聚一堂，对城市未来发展献计献策。

作为河北省第三届（邢台）园林博览会开幕式论坛的风景园林国际学术交流会，现场名家云集，中国工程院院士、亚洲园林协会名誉主席卢耀如，国务院参事、北京市园林局原副局长刘秀晨，英国 Arup奥雅纳董事、联合国环境规划署项目主任Justin Abbott，WCCO 国际联盟专家、原 G20 杭州峰会艺术指导委员会主任张建庭，中国风景园林学会副理事长强健，英国 Grant Associates设计总监Stefaan Lambreghts等发表了关于公园城市、人居环境、文化景观与城市发展等议题的主旨演讲。专家们提出，中国当代城市建设延续了优秀传统，城市建设者要树立园林文化自信，将文化传承与科技创新相结合，加强城市规划与景观设计，建设美丽宜居公园城市。

同样引人注目的“设计激活城市”设计艺术专题学术交流会，集聚了本届园博会的建筑设计师、规划师、雕塑设计师、展园设计师等行业专家，共同分享和探讨设计艺术，为园博园、为城市创新转型，实现高质量发展和新时代的振兴。中国风景名胜区协会副会长、住建部风景园林专家委员会委员、住建部城建司原副巡视员曹南燕在演讲中回顾了国内各地园博园的发展概况，分析探讨了园博园的功能和作用，并对园博会的未来进行了展望。河北省第三届园林博览会首席风景园林师、苏州园林设计院院长贺风春的讲座主要介绍了园博园的规划设计中如何传承东方哲学体系山水审美观和艺术观，展现园林的科学性和艺术性，努力打造新时代风景园林经典传世精品。大连工业大学艺术设计学院副院长刘利剑、山东建筑大学艺术学院副院长李成、天津大学建筑学院教授刘庭风等国内知名专家，分别就园林景观、设计艺术、空间创新表达等话题阐

释自己的理念和实践。在对话环节，由邢台园博园首席规划师、河北省风景园林学会副理事长郑占峰主持，展开一场主题为“向经典致敬”的对话交流。现场互动热烈，给观众带来很多启发和感悟。

正如邢台市市长董晓宇在国际学术交流会上致辞提到的，这两场交流会必将成为园林文化、设计艺术融汇交流的盛会，成为邢台旅游事业传播发展的盛会，成为邢台人民与各地朋友合作共赢的盛会。

这两场学术交流会由河北省住房和城乡建设厅、邢台市人民政府主办，亚洲园林协会、园冶杯组委会联合主办，河北省城市园林绿化服务中心、邢台市城管局、中国风景园林网承办。

邢台地处河北省中南部，是中原经济区、京津冀协同发展区、环渤海经济区的交汇点，国家级园林城市。在邢台市举办的河北省第三届园博会选址在邢台市邢东新区中央生态公园内，园博园总占地面积约308hm^2，总投资约36亿元，水系面积约106.7hm^2、绿化面积约154hm^2、建筑总面积约18.7万m^2。经过近400天的艰苦奋战，14km^{2}里昔日的采煤塌陷区华丽转身为生态秀美、业态丰富的美丽景区。在3个月的开园期间，共举办涵盖政策、学术、文化创意、商业洽谈、产城融合多个方面的6类24项活动，打造了一届万众瞩目、精彩纷呈的园博盛会。

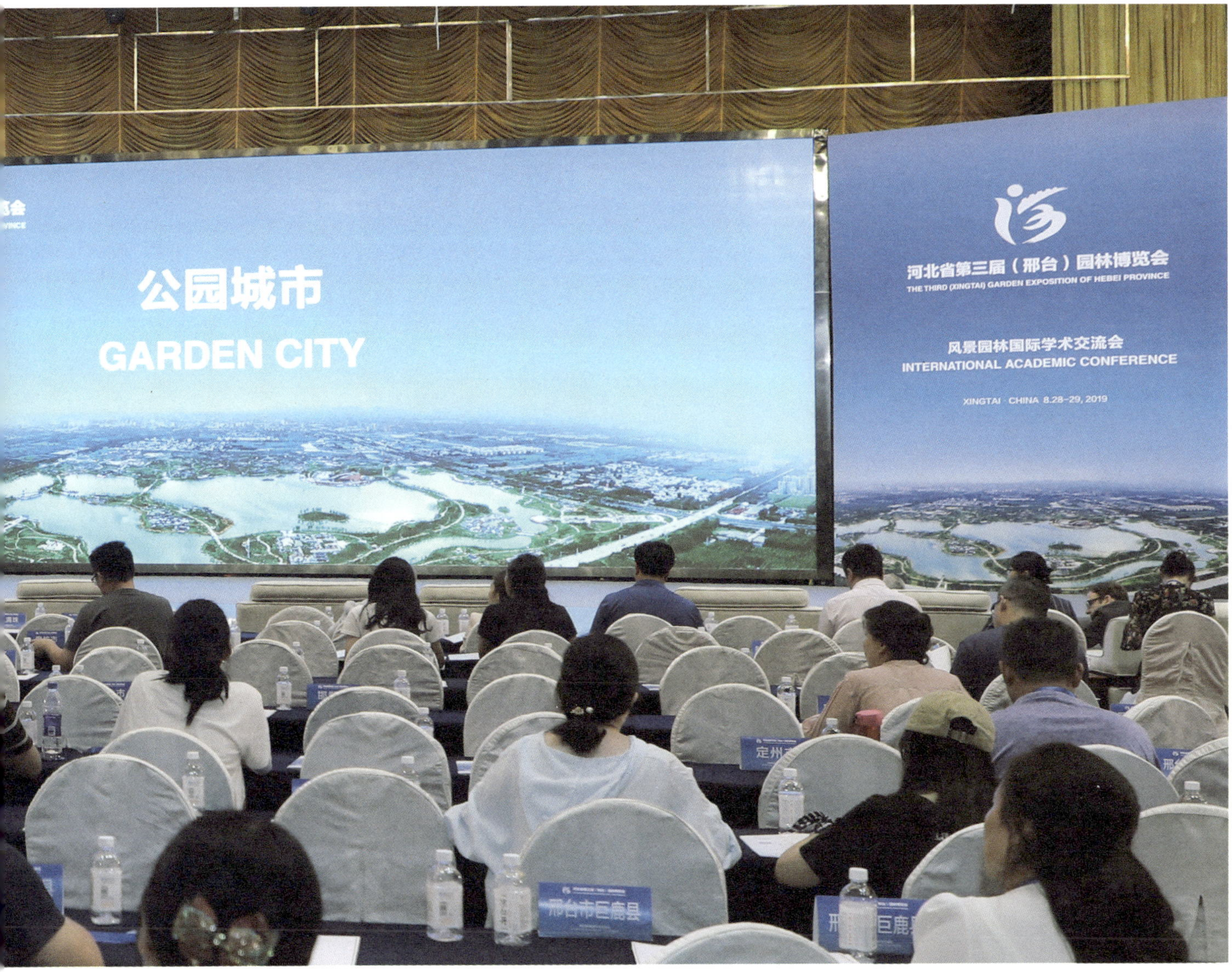
公园城市
GARDEN CITY
河北省第三届（邢台）园林博览会
THE THIRD (XINGTAI) GARDEN EXPOSITION OF HEBEI PROVINCE
风景园林国际学术交流会
INTERNATIONAL ACADEMIC CONFERENCE
XINGTAI · CHINA 8.28–29, 2019
定州
邢台市巨鹿县

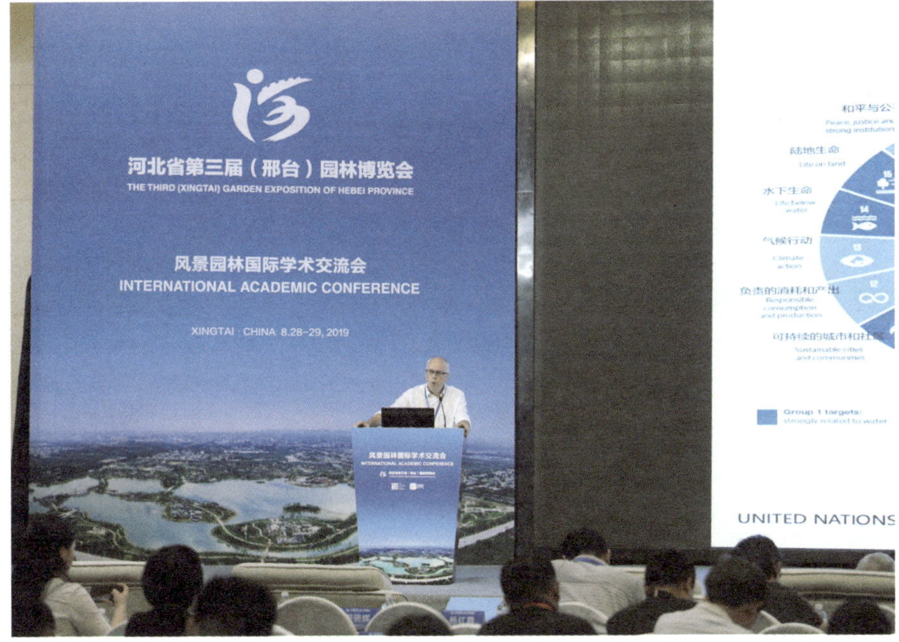

河北省第三届（邢台）园林博览会
THE THIRD (XINGTAI) GARDEN EXPOSITION OF HEBEI PROVINCE
风景园林国际学术交流会
INTERNATIONAL ACADEMIC CONFERENCE
XINGTAI · CHINA 8.28–29, 2019
陆地生命
水下生命
气候行动
UNITED NATIONS

◀ 董晓宇
邢台市人民政府市长

◀ 曹南燕
中国风景名胜区协会副会长

▲ 卢耀如
中国工程院院士、亚洲园林协会名誉主席

▲ 刘秀晨
国务院参事、北京市园林绿化局原副局长

◀ 张建庭

WCCO 国际联盟专家、原G20杭州峰会艺术指导委员会主任

▲ 高野文彰

IFLA亚太主席、日本造园学会原会长

► Justin Abbott

英国Arup（奥雅纳）董事、联合国环境规划署项目主任

▲ 贺风春

苏州园林设计院有限公司董事长

◀ 强健

中国风景园林学会副理事长、北京市园林绿化局原副局长

◀ 周宇舫
中央美术学院建筑学院副院长

▲ 李保峰
华中科技大学建筑与城市规划学院学术委员会主任

◀ 包满珠
华中农业大学教授、园艺林学学院原院长

◀ 李敏
华南农业大学林学与风景园林学院教授

▲ 任震
山东建筑大学建筑城规学院副院长

刘利剑

大连工业大学艺术设计学院副院长，硕士生导师

张祺

英国Arup（奥雅纳）董事、城市创新中心总经理

李成

山东建筑大学艺术学院副院长

刘庭风

天津大学建筑学院风景园林系教授，博导

Steven Ng

阿特金斯中国区总裁、中国城市发展事业部董事

◄ Stefaan Lambreghts
英国Grant Associates设计总监

◄ 郝卫东
河北建筑大师，北方绿野建筑设计有限公司董事长、总建筑师

▲ Christian Hartmann
德国莱茵之华设计集团项目总监、高级景观建筑师

▲ 郑占峰
中国风景园林学会规划设计分会副理事长

▲ 王焱
Perkins and Will建筑设计事务所董事

▼ 张易文

玛莎·舒瓦茨及合伙人事务所董事总监

▲ 张晓鸣

江苏省住建厅风景园林处原调研员

▲ 陈凌

维思平建筑设计董事、主设计师

▲ Phuan Ying Zee

AECOM新加坡设计总监

▲ 邹裕波

阿普贝思创始人、首席设计师

◀ 余艳峰

阳光城集团股份有限公司（总部）景观总监

◀ 邵明

北京林业大学博士，邢台园博会承德及保定展园设计师

▼ 程坚

资深雕塑家，中国工艺美术协会雕塑专业委员会会员

▲ 韦宇欣

天津工业大学艺术学院环境艺术设计专业教师

▲ 耿欣

知非即舍（北京）艺术设计有限公司联合创始人、设计总监

▶ 张美佳

奥雅设计北京公司项目总监

◀ 梁国良

金大陆文化产业集团设计部项目负责人

▲ 王新焱

河北建筑设计研究院有限责任公司副总建筑师

▲ 邵丹锦

清华同衡规划设计研究院生态景观所所长

▲ 张楠

石家庄常宏建筑装饰工程有限公司综合设计部副总经理、设计总监

文化科技创新与中国梦

CULTURE & SCIENCE INNOVATION AND POWERFUL CHINESE DREAM

摘要：文明文化、科技创新，跟园博会关系很密切。河北省3届园博会能够成功举办，就是因为都注意到文化、文明和科技创新。邢台要利用社会提供的各种资源，更好地开发文化，更好地融入多方面的科技，在园博会建设上继续努力。

Abstract: Cultural progress, science and technology innovation have close relations with landscape Expo. Paid full attention on cultural progress, science and technology innovation made three Hebei Expo succeed. Xingtai should take good advantage of social resources into better culture, science and technology development, continuing effort on landscape Expo construction.

关键词：文明、文化、科技创新、园博会、生态环境

Key words: Civilization, Culture, progress, Science and technology innovation, Landscape Expo, Ecological environment

卢耀如

LU YAORU

中国工程院资深院士，工程地质、水文地质与环境地质学家。中国地质科学院研究员，同济大学教授。长期从事岩溶地质的科研和工程实践，曾为援外大型工程高级专家，并在欧美及港台地区讲学。由于在岩溶（喀斯特）研究上贡献，被国内外学者誉称“喀斯特卢”，曾获“李四光地质科学奖”荣誉奖。

邢台园博园鸟瞰图

河北省连续举办3次园博会，表明了对生态文明建设的重视。园博会建设和园博会有关学术问题的研讨，是生态文明建设很重要的部分。

过去，中国曾经历过非常困难的时期，现在大家都怀着一个伟大的富民强国的中国梦。习近平新时代中国特色社会主义思想，就是将强国梦变成现实。这里面有两个方面很重要：第一，文明文化；第二，科技创新。

文明文化、科技创新，跟园博会关系也很密切。河北省园博会能够3次都举办得比较成功，就是因为都注意到文化文明和科技创新。

1 挖掘历史文化，体现民族精神

在全世界最悠久的文明、文化中，古埃及文化、古印度文化还有中华文化，只有中华文化延续下来了。然而，历史文化应该怎么体现，中国古代文化传统在当代园林中并没有充分表现出来。比如，如何让老年人在城市里有更丰富的活动场所？如何让少年儿童在园林里参观时，能够接受更好的科普教育？这些都值得去好好思考。

今天在邢台办园博会，应该更多考虑文化传承。比如邢台抗战时期的太行文化，就应该继承下来。邢台是矿山城市，有煤矿，现在就是用煤矿的下沉区，建了一个新的园博园，但不要忘掉长期在这里挖矿的矿工（图1）。

旅游必须要有文化，比如中国有很多的洞穴，福建三明玉华洞的洞穴文化就挖掘得不错。玉华洞是福建省最大的石灰岩溶洞，中国四大名洞之一，洞内风景独特，还有很多诗歌题刻，自然现象和文化现象融合，被收进了吉尼斯世界纪录（图2、图3）。

河北3个园博园的建设中，很重要的一点就是挖掘了多方面的历史文化，来体现中华民族的精神。邢台园博会有助于更好地发掘太行山文化，还有矿山开采发展经济的文化，这里的资源也是比较丰富的。

2 科技发展要考虑对环境的影响

科技是强国的必经之路，非常重要。中国互联网、暗物质研究、华为芯片、通车里程世界第一的高铁，还有量子通讯卫星等，都体现了科技的进展，科学技术创新也让中国人有了更大自信。

在科技发展方面想提几点：第一，必须合理配置水土资源。比如一些废弃的矿山，上面可以发展一些植被，生产有价值的东西。第二，必须考虑与所在地区的关联。现在

有些地区园博园的建设就缺乏对地学基础的论证。第三，生物多样性也非常重要。如何体现生物多样性，需要多学科更好地合作研究。

对科技方面要有理性的认识。第一，要认识自然条件对我们会产生什么影响和作用。第二，我们对环境会产生什么样的影响。这些都是很重要的。比如水资源利用方面，山区雨水、地下水、河水的综合渗透，应该好好考虑。还有，建高铁时为了保护生态，建了一些生态通道，让人和自然，动物和自然和谐相处。

现在来讲，科技最主要体现在两个方面。一个方面是对水资源、土地资源、生物资源、矿产资源、能源5个方面资源的开发。要继续创新、开发新的能源。第二个方面是不能盲目引进外来科技，防治自然地质灾害、气候灾害，各方面都需要去考虑。

在邢台举办的河北省第三届园博会，总的来说是成功的，但园博会今后的管理和发展，还需要进行更深的探讨。希望园博园成功建成后，能够得到更好的开发利用，造福本地人民，而且也能让京津冀地区、全国乃至全世界更好地认识邢台。邢台要利用社会提供的各种资源，更好地开发文化，更好地融入多方面的科技，在园博会建设上继续努力。

图1 邢台园博园照片

图2 福建玉华洞

图3 卢耀如院士考察福建玉华洞

景观之梦
DREAM OF LANDSCAPE

摘要：一味强调保留森林的原始风貌、什么也不做是错误的环境保护观念。结合实践项目从人、设计、森林方面阐述“风景园林师之梦”。采用加减设计理念拉近人与自然的距离。在景观中植入一些必要设施，即为加法设计，而减法设计，是要移除一些场地里的元素，用另外一种元素或形式做出来。这两种设计理念均可以在森林、城市等多个场景中适用。结合东京和北海道等作品案例，并通过对设计手法和项目运营思路的讲解，阐述了“在自然环境中做设计”“让人们的生活更舒适”等理念。

Abstract: Blindly emphasizing the preservation of the original forest style, but not doing anything is a wrong concept of environmental protection. The author will elaborate "landscape architect's dream" from the human, design, forest combined with his own data practice project. The design concept of addition and subtraction shortens the distance between man and nature. The insertion of some necessary facilities into the landscape is called additive design, and subtraction design, which involves the removal of some elements in the site and the creation of another element or form. These two design concepts can be applied in the forest, in the city and other scenaries. Combined with the cases of works in Tokyo and Hokkaido, and through the explanation of design methods and project operation ideas, this paper expounds the concepts of "designing in natural environment" and "making people's life more comfortable".

关键词：景观设计、城市规划、慢设计

Key words: Landscape design, Urban planning, Slow design

高野文彰

TAKANO FUMIAKI

IFLA亚太主席、日本造园学会原会长，Takano Landscape Planning Co.,Ltd创始人，在景观设计、城市和区域规划方面拥有50多年经验。代表作有十胜千年森林公园、静冈公园、昭和儿童森林纪念公园等。

陶土儿童游乐场

1 东京儿童游乐场的设计亮点：充满想象力的空间

我从北海道大学毕业后，在事务所工作了一段时间，去美国读了研究生，回日本后在1975年成立了自己的公司。当时主要关注3个领域的设计项目：单纯景观设计、参与性设计、生态型设计。15年之后，我将公司从东京搬到了北海道。

在东京时期，我做了一个游乐场项目。当时东京迪士尼刚建成一年，东京政府希望设计一个具有日本特色的游乐场所。迪士尼的形象非常明显，但互动性并不特别强，进去只是相当于参观的感觉。所以我们尝试跟不同的艺术家合作，设计了不同的主题乐园。

浓雾乐园是非常有趣的乐园，不同天气状态下是不太一样的。当空气比较干燥的时候，浓雾就处于消失的状态，只能看到一些轻微的空气流动。如果空气比较湿润的话，可以看到比较浓厚的雾。这个不像迪士尼乐园，而是一个充满想象力的空间，游客可以想象自己是各种各样的角色。

另外一个园区，跟气球专家合作，打造了很有趣的互动场所。可以看到各种各样的活动在上面进行，展现了一种意想不到的效果。

陶瓷园区也很有意思。整个建筑都是由陶土构成的，火连续烧3天时间，烧成小孩子可以玩的场所。这是很难的，因为要三天三夜不合眼看着它烧。很幸运有各种各样的艺术家一起合作来完成项目。我认为对孩子们来讲，从小接触艺术作品，并且参与到艺术作品的制作过程中，是很重要的事情。对艺术家来说，这也是很好的机会，可以让他们的作品跟公众有互动。如果不跟景观师合作的话，这些艺术家也没有机会有这么大尺度的展品。

另外一个主题乐园，尝试的是巢穴主题。试图打造高大的建筑模拟蚂蚁的巢穴。确定了主题之后，对各种各样的动物巢穴展开深入研究，这是非常有趣的课题。然后通过来自巢穴的灵感，开始构建一些设计语言。再从自然的资源里面找一些灵感，也从人工制造的环境里找一些灵感，把这些灵感编织到一起，形成最后的状态。蚂蚁是非常有智慧的动物，蚁巢上部是比较温暖的空气，下面是比较凉快的空气，食物和卵储存在下面。项目不仅在形态上进行了模拟，在空气湿度各方面也都进行了模拟，中间是通风口。蚁巢的高度也模拟了真实蚁巢的比例。蚁巢内部制造了小的窗孔，让里面整体湿度温度状态和光线状态都不太一样。在底部，人工性植入一些滴水的环境，让内部更加凉快，滴水的声音也让它更加真实（图1）。

还有模拟空中飞鸟（mid-air birds）巢穴的鸟巢，和模拟蜘蛛网做出来的彩虹色的巢。编织艺术家用了一年的时间做出编织艺术品，小孩子们可以钻上去，像树床一样摇来摇去，就像回到母体的感觉，很愉悦地享受这个空间。

2 森林之梦的设计理念：自然环境中的设计

我把公司从东京搬到北海道，很重要的原因是北海道离大自然近，我们希望身处自然的环境中来做设计。在北海道，工作间和户外实验的空间变得很大。因为北海道比较冷，在冰雪天地做了很多作品，包括雪的构筑物，旁边还有温泉。尽管是北海道的小公司，但吸引了全世界34个国家300多名实习生。

到北海道之后接到的第一个项目，是森林改造型的项目。业主是一家报社。刚进到森林里看的时候，森林状态并不是很好，里面有一些垃圾，林下植被长得非常茂盛。我们简单地把林下作物清除了，让阳光照射到里面。这是一个“慢设计”的过程。在清除了单一的、比较顽固的物种之后，发现其实森林底下植物多样性非常丰富。并没有刻意地种植任何植物，但是有阳光和水进去，本地的植物就自然而然地生长出来了（图2）。

森林项目成功落地之后，决定尝试公园旅游，做了7个主题花园，每个主题都跟自然元素息息相关。大地花园做了13个不同的状态，并且还做了一些模型的尝试。大地花园并没有石头或其他元素，花草园以花为主题，邀请了英国很有名的园艺师，用一些本地的品种植物来做花园，在秋天也有另外一番美丽的景象。还有农场花园、山羊游乐主题花园等（图3）。

在森林公园里，人不太容易进到林子里面，清除了林下作物后，把两棵树当做门口标志，游客可以从这里进去。用森林里的树枝树干，做成林下的餐桌。还在森林里找到一棵非常独特的白桦树，让它成为森林里面很独特的风景。好多树被砍掉了，是因为想要留出更多的林下空间，但是并没浪费掉任何一棵砍掉的树。利用材料还做了一个小酒吧，把麻将图案做到椅子上面（图4）。

设计理念就是没有任何自然元素会被浪费掉，需要移除掉的东西都被留到了森林里面。从这个项目总结了两种设计方法。一种是“加法设计”，就是植入一些景观设施之类。另外一种是“减法设计”，是移出一些场地里的元

图1

图2

图3

图1 “蚁巢”的外部
图2 十胜千年森林公园
图3 花草园
图4 大泽苏森林花园
图5 花园内的休憩设施
图6 为庭院干杯主题活动

素之后，用另外一种元素做出来。

3 北海道花园展的运营模式：让人们更好地享受生活

介绍一下北海道的“花园之旅”活动。在2003年的时候，就已经有110个花园注册参与，还出版几乎每年都更新的花园指南，形成了一个城市标志性的象征。5年之后，7个比较有名的花园组团开展起新的运营模式，一辆旅游车可以带你逛7个公园。3年之内，游客数量涨了一倍，带来了很好的经济效益。

除了7个公园联合起来做旅游活动之外，花园展是另一个促进花园事业发展的项目。几个主题公园邀请国际上著名专家参与，组织未来的景观师进行竞赛，活动进行得非常成功，吸引了20万游客到来。如果什么都不做的话，没有机会让北海道的这个小镇变得更好，而且不仅是这个小镇，周边的镇也面临同样的问题，希望这个项目能给周边小镇做出典范。

另外，“花园之旅”中还做了3个主题花园。一个在山上，是日本国家公园里的园区，第二个是在山下的森林主题公园，第三个是农场主题花园。国家公园里的园区没有做太多设计，而是让自然环境处于自然的状态，有一个小小的栈道，景观师并没有太大的必要多介入设计。森林主题公园从3年前开始，不同的植物都生长出来。设计这个园区的时候，不仅想吸引更多的游客，更是想为当地居民提供舒适的公园环境。设计了一些餐厅、酒吧、烧烤区之类的地方（图5）。有一个很有特色的“长裙”设计，女孩子站在上端，就像有很宽大的裙摆一样，男朋友可以在下面向他求婚。

项目在一开始定位的时候，就是希望能跟东京的公园以及城市面貌不一样。另外，还邀请了马来西亚的设计师设计了很特殊的园区，比如空中花园。此外，还邀请了当地有名的厨师来公园里开餐厅，让游客享受美食，还举办茶文化和其他各种各样的活动（图6）。不仅把花园本身营造得很好，还请有名的园艺师来到这里，做一些讲座、培训、交流活动，让当地的园艺文化也有所提升。同时，有2000多名志愿者，当地村庄一半以上的人都参与进来。4个月后展会结束，当地人已经开始说“我们的花园”。对当地的人们来讲，在公园里是享受生活的过程。这个项目是大自然与人工结合很好的例子，也获得了很多国际奖项。

以水而定
——通过整合蓝、绿、灰色基础设施提高城市韧性
DESIGN WITH WATER: INCREASING RESILIENCE THROUGH INTEGRATION OF GREEN, BLUE AND GREY INFRASTRUCTURE

摘要：气候变化以及城市化引起了很多城市发展问题，伴随城市高速发展和气候变化而生的还有因洪涝或干涸对城市构成的冲击和压力。21世纪的城市发展需要重新审视传统的水管理方法，以适应这些变化。通过把蓝色和绿色基础设施引入城市，可以更加可持续性地应对这些问题，同时降低生活在城市中人们的压力水平、帮助缓解城市热岛效应。蓝绿基础设施可以优化水的多种功能，也可以给动植物创造栖息地。

Abstract: Climate change and urbanization have caused many urban development problems, water issues are particularly important among which, including urban flooding, river pollution and water shortages. The way of traditional water management needs to be re-examined in order to adapt to these challenges in the 21st century. By introducing blue and green infrastructure into city, these issues can be addressed more sustainably, while reducing the stress levels of people living in cities and helping to alleviate urban heat island effects. The blue-green infrastructure optimizes functions of water bodies and creates habitat for plants and animals.

关键词：城市内涝、蓝绿基础设施、城市设计
Key words: Urban Flooding, Blue and green infrastructure, Urban design

Justin Abbott

英国 Arup（奥雅纳）董事，目前担任联合国环境规划署项目主任，负责研究农业企业的水和能源风险，同时担任 CIRIA（建设行业研究与信息协会）的水顾问和 EPSRC（工程和物理科学研究委员会）的审查学院职务。

意大利米兰的绿色建筑Bosco Verticale

1 城市面临水环境管理新挑战

城市化、气候变化以及老化的基础设施都对城市水管理构成了挑战。目前世界城市人口已经达到空前数量，给城市带来了巨大的压力，并且引发了全球性的身心健康危机，造成巨大的财政负担。同时，气候变化引起了很多问题，其中一项就是水的问题，包括城市内涝和水资源短缺的问题，传统的水管理方法需要被重新审视，以适应这些变化。

从水的角度来说，城市中的雨洪问题有其历史发展过程和成因，自然洪流的汇水区由于人类活动和发展被破坏，自然河道被强行修直、填埋，或者变成为运河，城市不断发展以适应持续增长的城市人口，导致城市以及城市周边地区的水流变得更迅疾，尤其是城市地表不透水面积的增加造成降雨没地方可去。但影响意义更大的是城市发展对整个自然水系功能的影响。城市处在河流的流域中，流域在影响着城市，城市也在影响着流域和自然气候。传统的发展模式遇到挑战，需要更加可持续的方式进行新的发展。

合理有效地管理水环境，对实现联合国的可持续发展目标也非常关键，联合国已经把水定义为其17个可持续发展目标实现的共同货币，也就是说可以以水来衡量其他的可持续发展目标。对于城市来说，采取蓝、绿基础设施作为新一代城市基础设施，增强城市水韧性。

2 蓝绿基础设施的机会

蓝、绿基础设施，指的是自然和半自然的一些走廊空间，这些蓝、绿系统利用自然力量帮助管理水和应对挑战。

在重建蓝色和绿色的基础设施中，有机会恢复自然流域中城市内外的系统功能，这样可以应对变化、提供缓冲，还可为人和野生动物提供健康和更加宜居的环境。下一代的蓝、绿基础设施可以整合在所有城市项目中，从城市网络系统到单独的建筑。把这些基础设施与其他的关键基础设施（包括交通、水、能源、数字以及废弃物等）平等地合作，来进行城市规划、设计和发展。

绿色基础设施的功能，不仅仅在水环境管理方向。除了解决城市雨洪问题，还可以帮人们提供更加健康的生活空间，如果希望生活在城市中的人更幸福地生活，就应该把人和自然景观紧密地相连接。使这些基础设施具有观赏性的同时，符合自然规律，现在已经有大量并且还有更多的证据在表明，这种结合起来的处理手法是有广泛益处的。

世界银行针对绿色和灰色基础设施的整合问题发布报告，明确提出人类21世纪应对挑战需创建下一代蓝、绿基础设施，并且承诺提升蓝、绿基础设施的投资比重。

3 蓝绿基础设施的效益

通过把蓝色和绿色的基础设施引入城市，可以降低生活在城市中人们的压力水平。可以通过蓝、绿系统清洁空气、土壤和水。蓝、绿的网络也可以创造方便舒适的锻炼机会，从而促进居民的身心健康。城市内的水环境可以提供重要的冷却功能，帮助缓解城市热岛效应，另外可以形成更好的微气候，给人们提供阴凉庇护。最重要的是，它可以优化城市中水的多种功能，提供抵抗内涝的能力，另外也可以给动植物创造栖息地，等等。在英国，越来越多的人对重新发现水环境的作用已有了深刻认识。奥雅纳将城市以水而定的设计框架整合了城市中水的一切的要素，综合的水循环系统和其他的城市子系统相互作用，共同指引和支撑城市规划和发展。

4 蓝绿基础设施如何实现

伦敦目前进行了2050年的基础设施规划，在这座悠久历史的城市战略性地设计绿色和蓝色基础设施，并提出了长期发展愿景。伦敦将可以随着时间推移，逐步构建系统的蓝绿的基础设施（图1）。

伦敦奥林匹克公园为人们健康活动创造了各种机会。研究表明，人们需要接触自然环境来促进身心健康，伊丽莎白皇后公园被设计为可以临时储存洪水的设施，在建成后曾经9次保护了下游5000户居民的财产。

同时，目前在悉尼出现了一些快闪公园，它们已经开始取代城市的停车空间。作为临时项目，为当地社区产生更加永久性的绿色效果。在项目完成后的前3个月，这个计划一直受到持续监测，政府从当地一些社会团体收集反馈。

如何更好地将蓝绿色基础设施系统融入其他基础设施？这需要将蓝绿色基础设施建设融入街道和房屋改造中，在没有机动车的区域里，非常有助于为蓝绿色的系统创造空间。另外也可以寻找一些冗余的城市空间。其中纽约非常著名的高线公园，就是寻求城市中可以融入绿色基础设施的典型代表。

2011年，丹麦哥本哈根经历了一场非常严重的洪灾，洪灾之后的重建费用大概花费9亿欧元。哥本哈根对类似洪灾的应对是重新制订了城市暴雨计划，利用蓝色、绿色、灰色基础设施融合的方法提高城市复原能力，进行蓝绿改造（图2）。

在意大利米兰，蓝绿色基础设施已经融入了建筑立面。环保屋顶就是非常有效的措施。在城市中需要减缓水流，无论雨水降落在哪里，即使雨水很稀少都可以收集和储存。绿色墙壁也可以有效地减缓和保存雨水。在伦敦，经过改造的最大绿墙项目，任何时候都可以容纳约1万升的水。

在规划设计中应该想办法让城市路面更具有渗透性，就像城市里面的电车轨道绿地一样，呈现海绵状的状态。绝大多数的街道路面都可以进行可持续的雨水设计改造，在美国波特兰的开创性城市网络包括了398个生态屋顶，3200棵行道树，即使是非常小规模的设计也可以极大改善街道，很多人愿意选择到这里居住，是为了更好的生活质量，波特兰就是绿色基础设施投资对城市形象有极大提升的非常好的例子。

鹿特丹60%人口生活在海平面以下的城市，水上广场同时也是体育公园，可以在雨洪来临的时候被暂时淹没。他们为街道、人行道、屋顶、公园、停车场增加基础设施的计划。通过使用这些措施，每年节约差不多56亿美元的成本。

冰雪公园的设计，考虑到了韧性和复原力，它是密集住宅区的第一道防线。蓝绿基础设施也可以让人们更多地

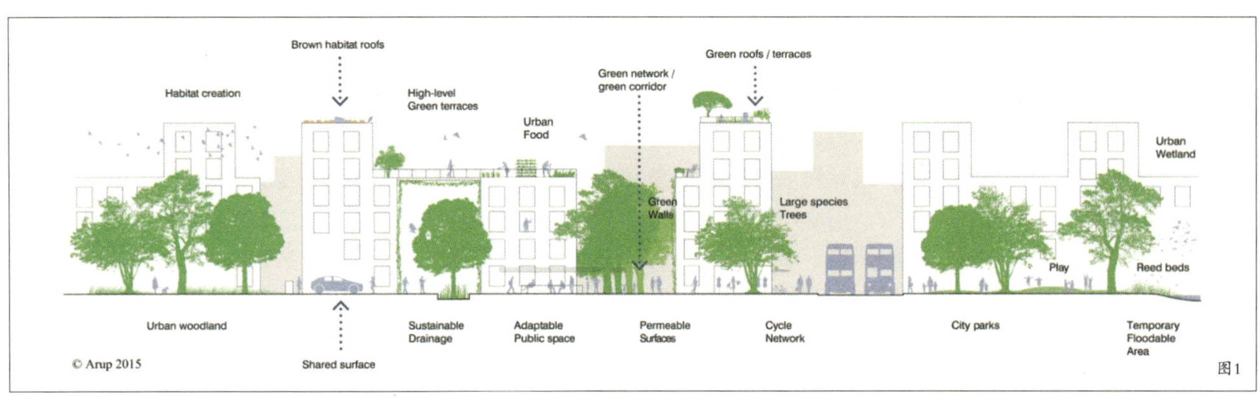

图1

图2

图1 伦敦2050年基础设施规划

图2 哥本哈根洪灾后的蓝绿改造

去户外参与游泳活动，露天游泳可以促进人们的健康，鼓励户外生活，以及参与到户外游戏中。城市游泳计划在全世界各个地方都得到很好的实施，包括柏林、哥本哈根、纽约等。

令人难以置信的是，这样的蓝绿城市也可以提供食物，有利于社区发展，将人们聚集在一起，给城市提供食品生产和健康饮食，减少一些疾病比如哮喘。在建设完这些蓝绿基础设施之后也需要考虑，如何运营和维护这些设施，这也是获得新工作以及新技能的机会。

5 蓝绿基础设施到底是什么

5.1 纽约案例

从1840年到1900年，纽约市人口约从30万增长到350万，现在是850万。纽约的绿色基础设施计划提出了另一种改善办法，把绿色屋顶跟优化排水系统、基础设施相结合。

纽约是一个被水包围的城市，市政当局在制定战略、解决问题的方向上非常有远见。通过对蓝绿系统的分析，减少河流溢流的污染。

总体目标是利用绿色基础设施，覆盖大约10%的不透水区域。纽约市在道路上安装了超过7000个小生态景观，它们共同构成了绿色设施，与传统的灰色基础设施共同对城市环境起到正向改善的作用。

奥雅纳也开发了经典的蓝绿基础设施标准。这样做的结果是蓝绿设施帮助城市减少了水环境的影响，在城市建成区成功实现了蓝绿改造。洼地是整体排水系统的一部分，统一运营管理，目前为止监测结果显示，绿色基础设施运行效果比设计时的预期还要好。

这些元素提高了公共领域的质量，从当地社区收到的反馈是非常积极的，蓝、绿、灰色基础设施的结合，带来非常立竿见影的收益，这是在21世纪针对水资源管理挑战应有的回应。

5.2 上海案例

上海是个非常独特的地方，是一座因水而兴的城市，面临着非常复杂的挑战，也会影响未来的排水战略。

首先城市的地形非常平坦，海拔非常低，地下水位很高。另外上海城市化率和人口密度都很高。奥雅纳在为上海项目制定排水战略时，研究了很多全球的其他城市，并且确定了跟上海面临挑战最相似的城市来进行最终研究。

通过以往的项目经验所制定4个关键原则驱动。以系统引导的工作方法，制定蓝绿基础设施的实施。策略制定和实施的关键就是现有排水系统的治理，另外还有蓝、绿、灰色基础设施。

在规划过程中，识别城市下垫面发展是关键工作之一。 我们采用机器学习人工智能辅助工具来识别城市用地属性，用来支持人工分析。对城市用地特征进行了详细分析，在了解发展背景的基础上，确定了蓝绿12个不同的用地类型。并将研究成果在整个城市范围内进行了校对，建立了各种用地类型的属性区域，并为上海创造了有价值的数据库。

利用城市的数据，对用地数据、基础设施的潜力进行分析。最终为上海提出的策略是一种绿色、蓝色和灰色相结合的方法，以最大限度地发挥出基础设施的潜力。

综上所述，在世界各地的城市都需要重新思考水资源和水环境，需要通过下一代的蓝、绿、灰色基础设施，并且充分利用水循环系统来提高认识。

景观工程与景观体验的融合

FUSING LANDSCAPE ENGINEERING WITH EXPERIENCES

摘要： 景观师并不赋予空间含义，而是通过自然体验来做到这一点，打造人与自然直接接触的空间。

Abstract：Landscape don't need to give meaning to space while they can use natural experience to achieve it. Thus create space to man and nature for direct touch.

关键词： 景观工程、景观体验、景观设计

Key words: Landscape engineering, Landscape experience, Landscape design

Stefaan Lambreghts

英国 Grant Associates 设计总监，一直从事建筑和景观实践工作，在大型复杂项目、总体规划和公共空间设计领域有丰富的经验。代表作包括北约总部设计、奥尔德盖特广场、利物浦国王海滨总体规划设计、阿布扎比的游客中心、多哈Lusail 广场设计等。

罗宾逊大厦

景观师需要把用户作为设计的主要服务对象，空间设计应该减少一些关于艺术家自我表现的手法，而更多的是关心体验者本身的感受。

1 新加坡宏茂桥连线公园：舒适的环境营造出更多的空间样式

新加坡宏茂桥连线公园是一个将空地转化为社区舒适活动空间的案例。场地是由两块断开的地块组成的，场地南侧比主干道高出了8m。设计师希望通过一系列的设计，联系从西到东两侧来不断地发生关系的变化，营造出多种空间样式，通过过道将南端的场地与主干道相通的公交车站连接。

我在第一次看场地时，看到一位女士在很陡的坡道上推婴儿车，设计师由此提出打算给使用者更好的体验空间，让舒适性变得尤为重要这一概念。

通过挖土方，搭建通往公交车站的长而平缓的坡道，不仅得到了当地无障碍法的支持，还得到了民众的关注。为了制造一种无缝衔接的路口通道，而不是把土壤从场地直接移出，设计师将其变成另外一种带状物，成为公园新的体验（图1）。18个具有特色的地形，形成一个系列，营造缓和又带有趣味性的地形，其中下凹上凸变幻莫测，设计本身就吸引了很多人过来体验。地形其实是可以相互作用的，设计师在土方的一侧搭建了25m长的长椅（图2），也为使用者带来更为舒适的空间。

2 罗宾逊大厦：创造以绿色机理为主的商业公共区

新加坡中央商务区的大型商业项目罗宾逊大厦位于三角地带，地块比较紧张。公共区域通过缓坡逐渐延伸到地面，经过改造设计后的公共场地中，保留了原有的Yellow Flame (Peltophorum pterocarpum)。设计师在项目周围搭建桥梁性的结构，目的是不让水泥压到土壤表层，造成空气无法流通，对于使用者来说，这里面包含了很多的工程技术和园林手法。种植的树木提升了整个场所的舒适度，成为景观体验的重要组成部分。

对于天空梯田的设计，设计师的灵感来自中国山的层次感，成为一种三维立体形态的花园状态，连接不同的楼层。种植与建筑是相得益彰的效果，植被和楼层有分离开来的感觉，植被的梯田呈现出点缀的效果，其中空中花园设计得更小更私密。在大厦后面有一道绿色的植被墙，打造了具有层次和种植深度的体验空间，可以感受到茂密的植被和明显的空间舒适度。

顶层透过光线可以营造出来效果，光的图案和纹理相互呼应，设计师希望从不同角度来创造不同体验，所有体验都是以绿色的肌理为主的。

3 中国天津生态城：展现沉浸式的湿地空间

天津生态城中心公园曾在IFLA的竞赛中获得杰出奖(Award of Excellence)，SILA竞赛中获得金奖。项目是占地45hm^{2}的花园，有很长的滨海区域，并且与公园融为一体。设计师尝试把自己放在游客的位置上理解，是什么让公园可以成为一个好的公园。大家第一次调研公园时感觉非常震撼，因为盐碱土壤和气候条件原因，感觉场地对自然和人类都并不友好，因此作为景观师需要调节气候的不舒适性。冬天限制了该地区植被的种类。春天植被开始复苏，在场地看到的土壤还是相对贫瘠，冬春季的景象相差并不特别大。

在冬天，很多植被都被临时包裹起来，并用栅栏隔开。设计师认为应该做出一些大胆激进的改变。最左边是一个河道的形态，中间有一个山丘，有散步的空间。整个设计对场地上的各种自然元素，包括风、阳光和雨都进行深入性研究和设计结合。另外，项目还提供了一种互动的空间，温室后面形成了一道风景线，到公园的每一个人都可以享受美景。目前生态城市有很多城市公园，多层次的设计项目中码头这部分展现了美好环境中

图1

图2

图3

图4

图1 新加坡宏茂桥连线公园平缓的坡道
图2 新加坡宏茂桥连线公园25m长的长椅
图3 中国天津生态城静态的水景
图4 新加坡滨海湾花园超级树
图5 新加坡滨海湾花园里的动物

人与自然结合的情况，这是海绵城市体系中最为程式化的一部分。

图中展示的是最终设计好的城市码头的效果，前端是静态的水景（图3），后面是更为互动的水景观。主要的水系统，从城市码头通过排列，营造了各种各样活泼的气氛，因此工程技术的引入并不会将景观定格为传统的设计模式。最终这块湿地区通过导引的结构，成为森林湿地，呈现出一种沉浸式体验，不同于传统的更开放的湿地空间。

4 新加坡滨海湾花园：云雾森林打造新加坡城市绿色新地标

新加坡滨海湾花园于2012年正式开放，可以说，公园、花园以及各种绿地空间改变了城市面貌，滨海湾花园已经成为新加坡绿色的标志。最初植被是非常年轻的，项目的中间区域有超级树，前面是湖景，左边是水库，背景是大海。超级树吸引人们到达滨海区域，让滨海景观有机会展示出来，并建设了热带植物的展示馆。项目打造的云雾森林营造了沉浸式的植被体验，一进入这个场馆，令人印象深刻的大瀑布迎面而来，瀑布的水声和现场的湿度铺垫了参观的整体气氛基调。

参观者继续向前走，可以看到35m高的热带雨林山体，参观者可以感觉到自然的伟大和人类的渺小。图片（图4）上展现的是超级树与周边植物的关系，超级树的高度大概是25～50m之间。可以说，超级树是滨海花园综合能源系统的终极展现。超级树的核心是由钢筋混凝土构成的。超级树除了有美丽的结构代表以外，在底部有太阳能板，使超级树成为冷却空气供给排气的装置。整体结构有助于调整微气候，促进热气流动。

超级树之间有高架的平道，提供横跨花园的景色，会令人产生兴奋的参与性体验。一到晚上，超级树会表演配合音乐灯光的灯光展，人们可以通过超级树来识别光源所在位置。超级树前面的景观是湖，湖泊系统也融合了美学和环境。岛屿上的巢为生物提供了栖息地，也为人们提供到水边亲水的途径。整个滨海湾花园占地54hm^2，天气干燥的时候，水从滨海湾水库引入到翠鸟湖，到西边的蜻蜓湖，多余的水可以用于户外灌溉。

特别需要介绍一下，蜻蜓湖最大深度3m左右，湖的边缘是倾斜的，这些植物起到了天然的生态过滤器的作用。植被连接水体分布，阻挡颗粒性的泥沙。其实，蜻蜓湖不仅运用了水利工程技术，还是受欢迎的照片拍摄地。设计师在景观设计手法上层出不穷，特别是景观效果的管理。游戏是滨海花园很重要的一部分，越来越多的关注者重视下一代的游戏体验。设计师再次强烈地感受到，景观是为了营造空间，分享成长的场所。这个公园不仅是儿童和成人所享用的。

滨海湾花园做出了很多探索，创造了很美的风景，吸引了很多动物（图5）。作为一个设计师，如果介入是对的，可能会发生意想不到的效果，大自然的亲密接触就是每一个设计师希望的终极体验。

深坑酒店：见证中国的荣耀之路

DEEP PIT HOTEL: WITNESS CHINESE GLORY ROAD

摘要： 过去40年中国城镇化过程，以及未来20年中国城镇化将会发生的变化。中国城镇化黄金十年期间的经典之作深坑酒店，项目针对的是追求新生活方式的人群，他们影响着整个城市化进程的方向和内容。

Abstract: Author write about Chinese past 40 years urbanization process and change will occurred in the future 20 years Chinese urbanization. Deep pit hotel is a classic work in Chinese urbanization gold decade. The project aimed at people who are seeking for new lifestyle, and they will influence the direction and content of the whole urbanization process.

关键词： 深坑酒店、城镇规划、城市化

Key words: Deep pit hotel, Urban planning, Urbanization

Steven NG

阿特金斯中国区总裁、中国城市发展事业部董事，英国皇家规划协会会员，香港规划协会会员，香港注册专业规划师。在大尺度城市总体规划有丰富经验，擅长项目愿景和品牌定位设置，专注于项目的可实施性。主要作品有香港国际机场总体规划设计、韩国首尔奥林匹克综合体育馆城市更新规划、中国上海世博园区重建规划、华为新总部基地总体规划等。

上海松江泰晤士小镇

过去40年，可以把中国城镇划分为3个阶段。1995~2005年，是由政府作为主要驱动力来进行大规模的城镇规划，紧接着就是2005~2015年，对开发商来说，这10年是黄金的10年。自2015年后，以公私合作形式进行的城镇化发展项目变成了主导。

1 第一阶段（1995-2005年）——政府大规模城镇规划：松江区域的整体规划

2000年，政府对松江镇进行整体规划的目的是比较简单的，主要希望通过开发一个小镇，把松江和市区相连。规划的主要内容就是能够提供就业、住房、医疗等一系列功能，吸引对城市生活有向往的人。

当时的大背景是上海市政府“一城九镇”的规划原则，松江的整体定位是欧洲偏英式风格。在协助区政府完成松江镇的总体规划后，通过各方详细论证，选取了一个1.2~1.3km^{2}的区域作为启动区进行设计，这就是今天要提到的泰晤士小镇。

整个松江泰晤士小镇的设计工作进行了大约10年。这个速度对于中国当时的开发速度来说是相当慢的，但为什么大家还愿意花这么久的时间？最主要的原因是当时这个项目的许多规划和设计都是按要求定制的。希望通过原创性的设计，结合场地情况，在保证功能性的前提下，把欧式特点充分发挥出来。

很多人认为做一个小镇，只要漂亮就可以，但事实并非如此，建设小镇的真正目的是为了缓解人口。这样一个小镇，能够吸引的人群主要分为两类，一类是城市的逃离者，另一类是新移民。城市逃离者说的是事业很成功，对大城市的生活有一些厌倦，想要去环境更好的地方生活的那群人。而新移民，他们更希望去体验大城市的生活。所以，小镇的功能在规划阶段一定要充分考虑，提前考虑，因为小镇的开发是滚动的，人们的需求侧重点会随着时间而改变。这些需求的变化会使小镇在开发过程中遇到一系列的问题，比如户口、住房、就业、公共服务的需求和压力。缺乏前瞻性的规划会使这些问题变得更加突出。

在开发松江区域时，遇到的最大问题是交通。从上海市中心到松江是非常不方便的，当时忽略了可达性对人群的重要性，所以直到更多交通线路的引入，松江泰晤士小镇才真正得到了发展，变成了今天的样子。

2 第二阶段（2005-2015年）——开发商的“黄金10年”：经典之作，深坑酒店

2005年前后，泰晤士小镇初具雏形，经过10年的开发，当地政府所表现出的城镇建设意愿、信心和政策支持以及强大的驱动力，让地产开发商们看到了更多的发展机

图1 上海佘山世茂深坑洲际酒店
图2 上海佘山世茂深坑洲际酒店
图3 上海佘山世茂深坑洲际酒店水下餐厅

会。机缘巧合下，松江一座废弃的矿坑走进了大家的视线。本着变废为宝的想法，开发商想为这个场地创造一个新的地标。然后就有了后面的上海佘山世茂深坑洲际酒店（图1、图2）。

在深坑酒店建成前，整个场地是一个有100多年历史的废弃矿坑。战争时期，需要矿坑里面的石头造碉堡，新中国成立后这个矿坑被继续开采，50年的发展使矿坑变成了现在的样子。

就设计本身而言，建造深坑酒店的初衷和泰晤士小镇是一样的，都希望帮助松江更好地发展，所以整个设计都围绕深坑的肌理和元素展开。因为深坑本身的地质条件和风貌并不好，设计者在设计和施工方面都花了大量的精力，对崖壁进行了修复和美化。由于场地条件过于特殊，尽管前期已做了相当多的准备和考虑，在整个设计过程中还是遇到了非常大的困难和挑战。比如消防，一般的酒店，疏散人群是从上往下，而深坑酒店是从下往上。另外，为了能够将酒店安全地置于坑中，结构设计方面也进行了大胆的突破。同时，由于受到金融危机的影响，这个项目前前后后拖了12年的时间。所有这些，都为酒店增添了很多观赏性和话题性。

但是，如果将酒店的开发放到整个大的城镇化背景中去看，对深坑酒店的理解和出发点就并不只是单纯的展示建筑，更多的是展示体验，这个体验是围绕这个深坑而产生的。深坑酒店对人群的定位是城市的追梦人，所以酒店提供了很多体验性项目，比如水下餐厅（图3）、水下酒吧、空中廊道（图4）、康养项目等。事实上，泰晤士小镇和深坑酒店处于两个不同的时期。泰晤士小镇吸引的人群想要追求的是工作、住房、教育和医疗。10年后开发的深坑酒店，针对的人群则更多的是追求新生活方式的人，新生活方式包括对绿色自然、健康疗养、娱乐体验和艺术文化的向往。正因为人们追求这些新的生活方式和新的体验，深坑酒店的存在才显得顺理成章。如果没有人们对体验的追求，深坑酒店也不会像今天这么热门，“一房难求”。

所以可以看到，人们会随着时间和经济的变化而产生对不同生活方式的追求，从而影响着整个城市化进程的方向和内容。如果回到城镇化历史中去看，建造深坑酒店这十年正是中国城镇化的“黄金十年”。

现在深坑酒店人气依然很高，但随着时间的推移，去过深坑酒店的人不一定会去第二次，酒店的新鲜感对人们来说会越来越淡，访问者其实是在慢慢减少的。所以对于深坑酒店来说，接下来最重要的就是要给客户新的体验，这样才能有新的客源。深坑酒店发展的目标就是为人们提供全新的、幸福的生活体验。

3 第三阶段——一带一路背景下，未来城市化面临的挑战

2020年中国的城镇化率目标是60%，相当于多增加1亿的新居民，这就需要建设1400个松江泰晤士小镇作为居住用地。这些数据意味着在接下来的城镇化过程中会有很多挑战。

城镇化面对的第一个挑战就是城镇化需求的差异，不同城市不同地区对于城镇化需求是不同的。另外就是小

图4 上海佘山世茂深坑洲际酒店空中廊道
图5 伦敦2012年奥林匹克公园

型城市缺少吸引力的问题。总体来说，未来的问题和挑战是土地获取越来越难，资金获取越来越难，竞争压力越来越大，开发风险越来越高。开发者不仅要找到适合开发的土地，更大的问题是来自于如何为这些土地吸引合适的人才。

在过去20年中，城镇化的模式有了非常大的改变。传统的参与方式是土地+经济+政府，所以大家基本上只会关注土地、房地产和经济能够带来多少人口增长，带动什么样的产业。在这一过程中，政府作为主驱动力，开发商、运营商在过程中寻找机会，参与开发。但现在有越来越多的机构和商业伙伴进入到开发周期中，同时还会有来自各行各业对开发有兴趣的投资商。不同参与者的诉求和侧重点是不同的，有些追求业务规模，有些看重项目成本，有些强调投资回报，还有些提倡社会责任。总体来看，在开发过程中，因为诉求的不同，项目周期中选择的东西也是不一样的，主驱动力不再单一。

所以除非能够充分认识到各方不同的诉求，并找到合适的解决方案，否则接下来的城镇化会非常困难。

为了解决这一困境，还是需要回到城镇化的本质。

城镇化更多的是为人们提供期望中的未来生活环境，创造更好的人居环境，吸引更多人才。城市只有在有足够人才的前提下才能更好地发展。所以好的城镇化，不是有多漂亮的建筑、多漂亮的景观和多漂亮的街景，而是能够吸引多少人才来到这里。

例如伦敦2012年奥林匹克公园（图5）。该奥运场馆是在英国伦敦的东部，东伦敦在传统城市结构上来看，本身是有很多问题的，比如犯罪率高、受教育程度低、就业率低等问题。主要原因是原来东伦敦属于重工业地区，重工业的迁出，让这里变得萧条。

奥林匹克公园项目并不只是一个简单的场馆，更多的是作为一个驱动项目，政府希望能够带动整个东伦敦的城市发展，这和松江泰晤士小镇非常像，用一个项目去驱动整个区域的发展。

在2012年奥林匹克运动会开幕后，整个东伦敦经济被带动了起来。东伦敦的规划目标不是要把人从这个地区移走，而是要把这些人留住，吸引更多的人到这里。

类似的案例还有中航福清空中之城、华为松山湖总体规划等。

在接下来的城镇化过程中，不只是政府一方或者开发商一方做单纯的项目，不只会有一个主体方作为驱动者，而是有来自各行各业不同背景的专业人士，在整合的平台上通过各种专业的碰撞，共同驱动城镇化的发展。

园博会的回顾与展望

RETROSPECT AND PROSPECT OF GARDEN EXPO

摘要：生态文明建设一直是园博会的主题。党中央国务院高度重视生态文明建设，并在党的十八大将“生态文明”写进党章，在党的十九大报告中指出“建设生态文明是中华民族永续发展的千年大计”。2018年习近平总书记提出了建设“公园城市”的理念，并特别指出“要突出公园城市特色，把生态价值考虑进去”。这是我们今后工作的方向，更是园博会今后的最高指示。

Abstract: Ecological civilization construction always is the theme of China Garden Expo. The State Council, the CPC Central Committee, attaches great importance to ecological civilization construction, and wrote "ecological civilization" into the party constitution at the 18th national congress of the CPC. In the report to the 19th national congress of the CPC, it pointed out that "ecological civilization construction is the millennium plan for sustainable development of the Chinese nation".In 2018, general secretary xi jinping put forward the concept of building a "park city", and specifically pointed out that "the characteristics of park cities should be highlighted and the ecological value should be taken into account". This is our later work direction and the top instruction s of future Garden Expo.

关键词：园博会、园林设计、园博会的展望

Key words: Garden Expo, Landscape design, Expectation of Garden Expo

曹南燕

CAO NANYAN

中国风景名胜区协会副会长，住建部风景园林专家委员会委员，高级工程师，住建部城建司原副巡视员。

1999年昆明世界园艺博览园

园博会是由国家住房和城乡建设部和各地方政府主办的，园博会的主题都是生态文明的建设。党中央国务院高度重视生态文明建设，党的十八大首次提出了“美丽中国”的概念，将“生态文明”写进党章。党的十九大报告中指出“建设生态文明是中华民族永续发展的千年大计”，要把我国建设成为“富强、民主、文明、和谐、美丽的社会主义现代化强国”。

2018年习近平总书记提出了建设“公园城市”的理念，特别指出“要突出公园城市特点，把生态价值考虑进去”。这是习近平总书记对园林绿化风景名胜以及城市建设提出的更高要求，也是我们今后工作的方向，更是园博会今后的最高指示。我们要以绿色发展引领生态文明新时代，园博会顺势而为。

1 园博会的发展概况

1.1 世博会

世界博览会简称世博会，是由一个国家的政府主办，有多个国家或国际组织参加，以展现人类在社会、经济、文化和科技领域取得成就的国际性大型展示会。其特点是举办时间长、展出规模大、参展国家多、影响深远。自1851年英国伦敦举办第一次世博会以来，各国共举办各类世博会140多次。中国曾在上海举办世博会。

1.2 世园会

世界园艺博览会简称世园会，是最高级别的专业性国际博览会，它是世界各国园林园艺精品、奇花异草的大联展，是以增进各国的相互交流，集文化成就与科技成果于一体的规模最大的A1级博览会，自1960年至今世园会共举办了30余次。中国1999年在昆明举办了世园会。

1999昆明世园会，是中国举办的A1级世园会，在这个会中我们中国园林人开创了中国园林的一个伟大奇迹。我们在一马平川的昆明建设了偌大的一个公园。1999年的园博会由23个省市自治区的住建部联合打造做的，他们是园博的英雄。

1.3 园博会

中国国际园林博览会简称园博会，创办于1997年，是由国家住房和城乡建设部和地方政府共同举办的园林绿化最高层次的盛会，是我国园林绿化行业层次最高、规模最大的国际性盛会。

我国的园博会是以中国国际园林博览会和省级园博会为代表，从1997年大连开始，至今已经举办12届。江苏省举办了我国第一个省级园博会，从1999年开始，现在已经举办了10届，是我们各省园博会里面的领头羊。

图1

1.3.1 中国历届园博会

中国园博会从1997年起，历经大连、南京、上海、广州、深圳、厦门、济南、重庆、北京、郑州和南宁。第五届深圳园博会被誉为一个“永不落幕的园博会”。深圳园博会做完了以后留下了一个园子，增加了一个新的绿地。中国前四届园博会都不是很成熟，只在园博会期间使用，由于没有更好的绿地标准，结束以后园区都要拆掉。但从第五届开始就是“永不落幕的园博会”。

第一届大连园博会开启了中国园林绿化博览会的先河。第二届园博会，南京园博会在室外做的，大连是在室内做的，玄武湖做得非常好，展现了各类园林的艺术竞品。第三届是在上海举办的，比以往两届获得了更多重视，上海市人民政府、上海市园林局做了非常大的贡献。上海园博会为之后园博会打下了基础。园博会的会标、会徽和会旗都是在上海园博会制作的。第四届园博会是在广州举行的，由于广州市土地非常紧张，所以也没有做成露天的永久保留下来。

第五届园博会有了一个新的突破，首创了展会以会展和建园合一的模式，闭幕后园博会保留了大部分的景点，开辟了为群众服务的大的城市公园。

第六届园博会在厦门，在申请举办园博会的时候，厦门市市长表示可以和台湾同胞一起做（图1），此次园博会办得非常成功。第七届是济南园博会，第八届是重庆园博会，第九届是北京园博会，北京园博会最大的特点是中国园林博物馆。第十届园博会是武汉园博会，也非常成功。第十一届郑州园博会的艺术馆也就是河南省园林博物馆让人印象非常深刻。第十二届园博会是在南宁举办。

1.3.2 河北省园博会

河北省园博会从正定开始，虽然正定没有作为第一届园博会。河北园博会从衡水、秦皇岛到邢台，整个河北省发展非常快，共举办了3次。今年是邢台园博会，明年是邯郸园博会。河北省住建厅李贤明副厅长对园博会的贡献很大。他对河北省的园林绿化、风景名胜非常重视，在专业上抓的非常紧，做的非常到位。

我们做园博会是国家园林绿化工作给我们的重任，同时也是代表我们对园林事业的初心。我们要通过园博会提高造园的艺术，通过园博会推动园林绿化的发展。

2 园博会的功能和作用

2.1 改善与保护城市生态环境

园博园立足于生态环保理念，引导技术创新，坚持“生态优先、传承文化、节约环保、规模适度、鼓励创新、永续发展”的原则。

园博园的建设场地大多选址在城市新区和城市的衰败区或废弃地，人们通过对城市原有地块的升级改造，给城市增加一片展现园林景观艺术的观光胜地。园博园利用最新的生态修复理念和技术，在建设过程中多次对垃圾填埋场、废弃矿场、河流湖泊进行整治与改造，并将海绵城市规划理念和智能控制系统渗透到整个园区（图2）。

另外，园博园建设者注重环保理念的科普和传播，园内建筑都采用不同方式展示节能环保材料、技术的开发和应用。通过建设园博园解决环境污染、生态割裂带来的系列城市病问题，同时对海绵城市和节能环保科技进行实践，不仅能改善园博园周边居民的生活环境，传播低碳环保理念，还能优化城市生态结构，持续发挥生态服务价值，对城市的生态发展具有长远的意义。

2.2 展现和深化城市文化内涵

园博园重视文化的传承创新，其不仅能持续传播园林文化、本土文化和生态文化，而且也深化了城市文化的内涵。行走在园区中，游客不仅可以了解国内外造园艺术以及园林绿化新技术、新材料、新成果，还能看到城市发展和更新的历史。灯会、鲜花节、美食节、音乐节和马拉松等节事活动，丰富了城市居民和外来游客的精神生活，提升了园博园的文化吸引力。此外，园博园也有助于提升城市知名度，展现城市新面貌，人们可以将园博园作为城市的一张名片，提升城市的综合影响力。

2.3 激发并促进城市经济发展

园博园对城市经济发展具有直接或间接的促进作用。园博园不仅能够依靠自身吸引游客，创造直接旅游收入，还能联动周边景区提高区域旅游吸引力，刺激城市消费，对城市的交通、住宿、餐饮、购物和娱乐的发展都起到了促进作用。例如厦门园博园在会后对外拍卖木屋经营权、导游服务经营权、票面广告经营权和景区婚纱摄影经营权，以公开竞价招商的方式拓展营收渠道。

园博园在建设的同时完善了城市公共服务设施和基础设施建设，促进了城市及城市新区的建设，优化了城市产业结构，促进了就业，并带动了周边土地价值的提升，激发了购房者的购买热情。

此外，园博会还对城市具有显著的营销功能，其可以促使大量游客和商务人士涌入该市，并加快当地旅游经济和会展经济的发展，吸引外来投资商进行投资，为城市带来持续性的经济辐射。

3 园博会的未来展望

园博会的问题和建议：第一是技术、艺术探索创新还不够，参展作品流于形式，多数作品缺乏先进性、示范性和引导性。第二是规划设计营造缺少主体性的统筹，摊位或者是展位为园博会永久性保留带来一些困惑。第三是选址的偏远，与城市发展的互动缺乏有机的关联，结构性的效益以及为民众服务的有效性不是特别的明显。第四是具有举办地自然文化特质的特色实施不足。参展作品要成为各地参展的形象代言，各地景观的浓缩。这4个问题可能也是现在园博园存在的问题。

我的建议是要做好选址工作、总体规划和园区的展园设计工作，再做好施工管理工作。园林施工是设计的再现，是第二次设计。好的设计单位会有条件让其施工队伍更好地体现其设计初衷。

另外还需做好后续管理和利用工作，中国园林博览会做了12届，但是后续管理是一个非常大的问题，特别是后续的利用。这方面做得最好的就是第六届厦门园博会，他们后期利用和经济效益都非常好，厦门也是一个开放的城市，他们在这方面非常重视。园博园结束以后一直没有怠慢，园林局一直紧跟着技术的管理，在经济、房地产等各方面都做了很多的努力。

河北省邢台园博会较河北以往几届园博会是做得最好的一届园博会，展示了植物建园的水平，还有艺术馆，虽然现在还有一些问题，但是它开创了河北省园博会的先河。园博会应该按照吴良镛先生说的“三位一体”来做，需要建筑、规划和园林的结合。我们需要更多的朋友，更多的信息来推托我们的园博会，使我们的思路、视野更加开阔，使我们的园博会办得更好。

图1 厦门园博会

图2 唐山园博会场地修复后

图2

树立园林自信，建设公园城市

ESTABLISH SELF-CONFIDENCE OF LANDSCAPE CONSTRUCT GARDEN CITY

摘要：“生态文明建设是中华民族永续发展的千年大计”。树立园林自信、建设公园城市，要重视园林在城市生态修复中的重要作用。园林企业要在产业转型升级中建立并实行现代企业制度，注重人才、品牌和质量。所有园林人都要满怀信心，在构建公园城市的实际行动中，迎接城市园林新的春天。

Abstract: Ecological civilization construction is millennium plan of Chinese nation sustainable development. To establish self-confidence of landscape and construct garden city should attach important of landscpae in urban ecological restoration. Landscape enterprises should establish and implement modern enterprise system in industrial transformation and upgrading, and pay attention to talents, brand and quality. Everyone in landscape professions should full of confidence and embrace the coming spring of urban landscape.

关键词： 园林自信、公园城市、生态修复

Key words: Landscape self-confidence, Garden city, Ecological restoration

刘秀晨

LIU XIUCHEN

国务院参事。中国风景园林学会原副理事长，第六、七届北京市政协委员，第八、九届北京市政协常委，第九、十、十一届全国政协委员。曾任九三学社北京市委副主委、北京市园林局原副局长。长期从事园林规划设计工作。

公园城市

党的十九大，习近平总书记指出，人与自然和谐共生，建设生态文明是中华民族永续发展的千年大计，必须树立和践行“绿水青山就是金山银山”的理念，把保护环境定为基本国策，统筹山水林田湖草治理，构建生产发展、生活富裕、生态良好的绿色发展方式。过去经济快速发展，付出了较高的生态环境代价，环境问题成为发展之困、民生之痛。让“美丽中国”成为社会主义现代化强国必须达到的目标，给出了新时代生态文明建设具体任务清单。国土绿化和城市园林绿化已经成为实现美丽中国生态文明建设的核心力量和必由之路。目前各地开展的城市生态修复、城市修补和城市设计工作，推进建设公园城市，给城市园林绿化提出了更高的要求。

1 树立园林自信、建设公园城市

回顾改革开放40年，有人说我国城市面貌变化最大的是高楼大厦、高铁高速公路、载人航天器和国防，但其实变化最大的当属城市园林。

城市绿量是城市生态水平的重要标志，但是城市绿地率又不可能无限扩大。城市作为人类的聚集地，它的空间结构和分布要考虑到城市人和城市功能的合理布局。城市是一个巨系统和综合体，我们希望绿地多，但是又不能太多，要统筹、要合理。习总书记说，“一个城市的预期就是整个城市就是一个大公园，老百姓走出来就像在自己家里的花园一样。”要让整个城市成为一个大公园，这就是公园城市的基本表述。

最近不少城市都在热议并响应习总书记的号召，进入创建公园城市的热潮。习总书记在视察成都天府新区时还指出“要突出公园城市特点，把生态价值考虑进去，努力打造新的增长极，建设内陆开放经济高地。”

园林已经成为城市中集生态、游憩康乐、文化、景观和防灾避险等多种社会功能为一体的空间体系。园林植根于中华民族的文明沃土，在长期的实践中形成整体的空间形态和思想体系，承载着中国人的宇宙观、人生观和自然观，是民族文化灿烂的结晶。它积淀并形成了“天人合一，师法自然”的哲学理念，成为我国优秀传统文化不可或缺的组成部分。

由于中国园林植物极其丰富，园林的理论与实践又对世界作出独有而巨大的贡献，使我们一直在世界上享誉“世界园林之母”的称号（图1）。敬爱的周恩来总理认为中国的皇家园林世界第一，在1950年组建北京市人民政府时，第一届北京市园林局长就是周总理的秘书刘仲华同志（图2）。

新的城市公园绿地和广场、行道树、居住区和单位绿化已经成为现代新园林的主体。中国城市园林在继承传统和发展创新中，融入时代精神并吸收国际人居环境建设方面的最新成果，如城市群、区域统筹、城乡一体、城市绿地系统规划、城市生态修复和棕地改造等等，更加丰富了新时代城市园林的内涵。

当今城市园林的3个基本点是不可能改变的：一是生态、休憩、景观、文化和减灾避险5大社会功能不会变；二是城市绿地率、绿化覆盖率和人均公园绿地等这些衡量城市园林的主要指标不会变；三是坚持城市园林的一般功能实践之外，用园林的手段参加城市生态修复、城市修补和城市设计等一系列新的时代要求不会变。

2013年我在参加国家园林城市考察时就在思考一个问题：国家园林城市的升级版到底应该叫什么？很多人讲，国家生态园林城市。但是生态园林首先是生态，而生态又是一个巨系统，生态园林城市不可能包括生态的全部内容。

现在习总书记提出了“公园城市”的概念，用“公园城市”替代“生态园林城市”作为国家园林城市的升级版，是准确、客观、全面和科学的，或者说我们终于找到了一个升级版很合适的表达。公园是相对高层次的园林形态，又是住建部和各地园林管理部门主管的主要内容，当作国家园林城市的升级版当之无愧。

2 重视园林在城市生态修复中的重要作用

坚持以人民为中心的城市园林，应该成为新时代中国特色社会主义城市工作的重要旗帜。要加强并提倡树立城市园林应该成为新时代人居环境建设大有作为的“核心地位”。城市森林和城市园林是城市园林绿化的两翼，在城市发展中都应该给予足够的重视。

城市园林参与城市生态修复，也出现了一些值得重视、值得商榷的新问题。生态修复项目，一般都是规模大、尺度大、面积大，往往会出现设计和施工粗放等问

图2

图1 古典园林
图2 皇家园林

题，从而丢掉园林精细化施工和管理的本分和优势。园林需要在大尺度中寻求精细化的施工。在建设特色小镇、美丽乡村、田园综合体、观光农业、传统村落等一系列工程项目时，还需要进一步梳理思路，不要大拆大建，也不要推倒重来，更不要大搞亭台楼榭，而要从实际出发，实事求是提倡创新。生态修复是个大课题，让园林的介入变为一大优势才有可能双赢。

3 园林企业在产业转型升级中建立并实行现代企业制度

政府取消了园林企业的施工资质和工程项目评奖，园林施工公司的招投标感到无所适从。一批大型园林企业以PPP的形式投资园林，也正在摸索经验。政府、人大等部门立法，使投资企业的回报能得到保障。无论如何，园林是公益性的民生工程，而企业只有得以回报才可持续。政府的诚信是这一形式的保障。

但是，全国5万多家园林中小企业，处在没有垫资融资的能力、找不到活源的局面。同时，政府“营改增”的税改，初衷本来是减轻企业的负担，然而对不少园林企业却面临着带来的加税压力。

这些改革中的实际问题将影响园林企业的生存。一是实力雄厚的大型企业虽然进入了发展的壮大期，甚至包揽着几亿、几十亿的项目，但是也遇到由于取消施工资质，在投招标中只能依附其他企业的尴尬或改名的问题。另外不少上市企业由于施工和设计力量薄弱，拿到大项目的企业铺的摊子很大却找不到最好的设计单位，效果和质量也难以保证。二是大中小园林企业都存在加强自身科学与技术建设的突出问题。

提高园林品质的驾驭能力，使其逐步长翅膀、扩实力，赢得社会的承认。按照中央倡导的“工匠精神”，培训技术骨干和施工人才，提高设计和施工水平，实行现代企业制度，搭上时代的列车，谋取更大的发展。

40年改革开放，园林建设取得了巨大成果，新时代经济与社会的发展将涉及改革开放进入深水区。让我们共同努力破解这些难题，所有园林企业都要在产业转型升级中加强自身建设，建立并实行现代企业制度，才有可能迎来更快更好的发展。所有园林人都要满怀信心，担当建设人居环境，构建生态文明的主力军和核心力量。树立园林的自信，坚持园林的定力，让我们在构建公园城市的实际行动中，迎接城市园林新的春天。

西湖景观美学与设计——以新西湖为例

AESTHETICS AND DESIGN OF WEST LAKE LANDSCAPE -USE NEW WEST LAKE AS AN EXAMPLE

摘要：杭州西湖是中国首个湖泊类世界文化景观遗产，具有独特的景观美学。2003年，杭州市按照修复生态、注重文化、“以人为本”的原则建设了新西湖杨公堤景区，在景观设计中也有很多亮点，融入自然山水，恢复原有湖面，修复历史文化景观，建设优良生态环境，还将景区中的村庄变为“景观村”，走出了独具特色的发展新路。

Abstract: Hangzhou West Lake is the first lake world cultural landscape heritage in China and famous for its' unique landscape aesthetics. In 2003, on the basis of restore ecology, respect culture and people foremost principle, new west lake yanggong embankment scenic area was built in Hangzhou. There are a lot of lightspot in landscape design, such as intergrated natrual landscape, recovered original lake surface, restored historical cultural landscape, constructed great ecological environment and transferred village in scenic spot into scenic village, which carry out a new way with unique characteristics.

关键词：景观美学、景观设计、新西湖

Key words: Landscape aesthetics, Landscape design, New west lake

张建庭

ZHANG JIANTING

WCCO国际联盟专家组成员，杭州市原副市长，旅游和风景园林专家，西湖学研究会会长，原 G20 杭州峰会艺术指导委员会主任。

融入自然山水

1 杭州的吸引力在西湖

2011年6月24日，西湖在巴黎世界遗产大会上获得满堂喝彩、全票通过，成为中国首个湖泊类世界文化景观遗产。西湖的申遗非常顺利，也经得起世界遗产组织的考验。

2016年9月，G20峰会在杭州举办。西湖作为峰会的核心区域经受住了最高标准检验，向全世界展示了中国杭州西湖的独特韵味和别样精彩。外国领导人夜游西湖时，对西湖美景很感兴趣，不停称赞。为了热情迎接嘉宾，峰会的主办方在西湖的迎客码头上建造了造型漂亮并具有西湖特色的立体花坛，从中国传统文化概念中取名为“花好月圆”，本想峰会过后撤了，结果成了“网红”景点保留至今。

杭州的吸引力在西湖。G20峰会期间，不少国家元首和夫人骑自行车、坐船游西湖。近些年来，国际著名旅游杂志《孤独星球》评出7个全球最佳新年旅游目的地，杭州排名第6，是中国唯一入选的城市。同时，国际旅游组织总部——世界旅游联盟也落户在杭州。杭州现在每年接待1.8亿人次游客，仅西湖景区就有3000多万，可以说西湖的吸引力越来越大。

2 西湖美，究竟美在哪里？

西湖具有独特的景观美学，主要体现在以下4个方面：

2.1 山水形态美

西湖的东面是城市，西面都是山体，传统说法是西湖“三面云山一面城”。山体自湖岸向北、西、南三面逐渐升高，分多个层次。从城市的东面往西看，山体层层叠叠，景观变化很丰富（图1）。这不是人工设计的，而是老天赐予的，当然也靠后人“打扮”。

2.2 景观格局美

三堤三岛巧妙地将西湖分割成9个大小不一的湖面。苏堤所处的位置符合“黄金分割比”，给人舒适的景观美感。从东汉到唐代，再到现代，西湖的湖岸线经过了多次变迁。整个西湖湖面，原来是5.6km^2，现在是6.5km^2，靠西面，基本恢复了300年之前明代的西湖。

鉴于西湖三堤在整个景观观赏中的结构作用，特别是它们的创建与中国文学史上唐宋时期最著名的大家直接关联，故此不仅直接影响到18世纪皇家园林，还随着苏、白两文豪的文学作品传播至全国和东亚地区，是西湖景观中最具代表性和传播影响的要素，也是西湖景观由水利疏浚工程转换成景观设计的直接物证。东南亚有的国家湖面景观设计就参照了杭州西湖，有的也称“西湖”。

2.3 景观意境美

西湖景观的意境美以“西湖十景”为代表，平远、深远的山水美学意境和近、中、远景三倍透视关系的层次，最符合中国传统山水审美，西湖景观经久耐看，耐人寻味。“西湖十景”并不是今天园林工作者取得名字，尽管都是今天的照片，但意境来自于近900年前的南宋。南宋的宫廷画上就有“西湖十景”，是根据当时的景观画出来的。

2.4 历史人文美

西湖上千年积淀的丰富历史文化，使西湖拥有自然美的同时更富有诗情画意，人文之美增添了西湖的韵味。

3 生态环境是新西湖的重中之重

2003年建设新西湖（杨公堤景区）的时候，按照修复生态、注重文化、“以人为本”的原则进行。重点有以下几点：

3.1 修复生态，保护景观资源，突出山水意境

西湖的核心是保护。保护是各项工作的“灵魂”和“重中之重”，尤其是保护自然山水、地形地貌、动植物及各种宝贵资源 。

新西湖（杨公堤景区）在生态保护方面，坚持绝不新建、扩建同风景名胜无关的建筑物和构筑物，原有的有碍景观的建筑物、构筑物都按规划进行遮挡、改造，影响严重的坚决拆除；尽力保护和维护西湖风景名胜区原有生物种群、

图1

图2

图3

图4

图1 西湖三面临山
图2 亲水平台
图3 西湖茅乡水情
图4 优良生态环境
图5 西湖龙井村

生态结构及其功能特征，体现生物多样性；严格控制名胜区内的常住人口和农居建设，控制区内的建筑高度、体量、造型、层次和色彩，降低人口密度和建筑密度；千方百计加强名胜区内的文物古迹保护和非物质形态文化保护，保持自然与人文景观精致和谐、相得益彰的特色。

3.2 注重文化，挖掘展示历史，反映文化内涵

基于对西湖人文内涵特色的认知、把握和尊重，设计团队在修复过程中始终注重文物和历史遗迹及传统文化保护、整理、展示，充实和融合文化内涵。

2003年9月15日，习近平在《浙江日报》的《之江新语》栏目发表《加强对西湖文化的保护》一文，文内强调："西湖的周围，处处有历史，步步有文化。对这些历史文化遗存，我们一定要保护好，利用好，传承下去，发扬光大。"

国际古迹遗址理事会协调员尤嘎尤·基莱特在西湖考察时也指出：西湖文化内涵、历史很深厚，符合申遗的条件，无疑是潜在的世界遗产。

3.3 "以人为本"，满足大众所需，体现民本思想

新西湖（杨公堤景区）处处体现以民为本和人文关怀，高度重视人民群众与中外游客的需要。在景区设计和建设实施前，认真听取和吸纳市民群众的意见建议，体现民主决策，以民为本的思想。旅游设施优先满足人的需要。改造中，增加了亲水平台，新修林间小道和山径100余条，都与环境相匹配，且方便百姓（图2）。

没有围墙、不收门票的完整西湖，将自己的每一寸绿地和每一处景观都还给了广大市民和游客，将民本思想真正落到了实处。如今，西湖的风景，已经成为了人人能享受、人人能消费的公共产品。

4 新西湖景观设计亮点多多

在新西湖（杨公堤景区）的景观设计中，有很多可圈可点的地方：

4.1 融入自然山水

新西湖全部融入自然山水。当时很多著名设计院甚至大师，设计了原先没有的东西，我们不采用，搞水泥混凝土没有必要。

4.2 恢复原有湖面

基本恢复了300年前的西湖。乌龟潭、浴鹄湾两处水面很漂亮，很多摄影大师都到这里来拍摄（图3）。

4.3 修复历史文化景观

修复的原有建筑很好地维护了西湖整体风格，环湖碧舍等勾勒出美丽图景。杨公堤唯一尚存古桥——景行古桥被完整保留下来。

4.4 建设优良生态环境

共栽植水生植物66种，200多万株丛，体现了生物多样性。恢复的湿地景观，展示了自然野趣风貌（图4）。

4.5 景区村庄变"景观村"

西湖景区"景中村"有灵隐村、龙井村、梅家坞等9个村庄、社区6个占景区面积的70%左右，总人口3万余人，有约46.7hm^{2}茶树，2000hm^{2}山林。村庄的保护、建设、管理与发展是风景名胜区协调发展不可或缺的一个重要话题（图5）。

西湖景区在进行村庄整治的同时，发展以龙井茶为主导的特色产业，促进龙井茶与遗产保护、旅游休闲有机融合，努力使景中各村走出独具特色的发展新路子。

中国园林山石文化的形成及其在现代园林中的弘扬

THE ORIGIN OF CHINESE LANDSCAPE ROCKS CULTURE AND ITS DEVELOP IN MODERN LANDSCAPE

摘要：中国园林山石文化是世界独有的文化现象（亚洲其他国家园林中的山石文化也发源于中国），是成就中国古典园林辉煌的重要因素。对天然山石的欣赏是中华文化浪漫基因碰撞自然造化的独特文化现象，所以中国赏石文化源远流长、博大精深。我们要深刻认识这一文化现象形成的过程和原因，全面了解园林山石对于古典园林不可替代的地位，总结归纳前人造园置石叠山的理论和实践经验，并且在现代园林中继承和发扬光大。

Abstract: Chinese landscape rocks culture is a unique cultural phenomenon in the world (the rocks culture in other Asian gardens also originated in China), and it is an important factor to achieve the brilliance of Chinese classical gardens. Appreciation of natural rocks is a unique cultural phenomenon in which the romantic gene of Chinese culture collides with nature. Therefore, Chinese rock appreciation culture has a long history and is broad and profound. We should deeply understand the formation process and causes of this cultural phenomenon, comprehensively understand the irreplaceable position of landscape rocks for classical gardens, summarize and summarize the theory and practical experience of the former man-made gardens, and inherit and develop them in modern gardens.

关键词：园林山石、审美形成、继承发扬

Key words: Landscape rocks, Aesthetic formation, Inheritance and development

强健

QIANG JIAN

中国风景园林学会副理事长、住建部风景园林专家委员会委员、北京市园林绿化局原副局长。长期从事园林绿化规划和建设管理工作，曾组织实施奥运绿化建设、国庆六十周年绿化提升等重点工程。

苏州留园太湖石“冠云峰”

中国古典园林造园元素主要有山水、建（构）筑、植物、山石、题刻（匾额楹联石刻）5大要素。中国赏石文化源远流长、博大精深。而把山石作为艺术品运用于造园是中国园林独有的，是区别于世界上其他园林的重要标志（亚洲其他国家的园林建造使用山石也是源自中国园林）。

1 中国园林山石文化是成就中国古典园林辉煌的重要因素

苏东坡《咏石》诗曰：“室无石不雅，园无石不秀。”古人有无石不成园之说。中国园林中置石立峰和堆叠假山有记载的可以上溯到魏晋南北朝时期，到唐代各种诗歌、绘画中，描绘园林中置石和假山已经非常普遍。

发展到宋代，以宋徽宗造艮岳为代表的文人园林赏石已经发展到登峰造极的状态，至今仍有艮岳遗石为后人所见。元、明、清继续宋代以来的园林赏石遗风，留下了大量园林置石和假山堆叠的精品。无论是皇家园林、私家园林还是其他类型的园林，这些置石和假山都是极其重要的、不可替代的组成部分，并且本身具有极高的独立的审美欣赏价值。如：故宫御花园里的假山和园林置石、颐和园里的名石青芝岫、留园中的名石冠云峰、苏州织造署西花园瑞云峰、上海豫园玉玲珑、杭州西湖绉云峰（图1）、苏州环秀山庄著名的假山、山东青州的“冯家花园”中的“福、寿、康、宁”4大奇石、岭南园林中的园林置石（英石）和假山等等。

所以说：没有这些山石，就没有中国园林的辉煌！赏石文化成为中国优秀传统文化的重要组成部分！

2 中国赏石文化是中华文化浪漫基因碰撞自然造化的结晶

为什么只有中国人喜欢山石，并且把山石当做艺术品用来造园呢？是因为西方没有太湖石、灵璧石等石头吗？其实欧洲也有类似太湖石的石头，然而只有我们发现了其中的美，什么原因？这也是本人多年喜欢山石、研究山石，但一直没有找到答案的问题。结合多年学习的心得进行解析：

中国古代道家的朴素辩证法，实际上说的是宇宙与人的关系以及世间一切事物的规律。这种“天人合一”哲学观构建了中华传统文化的主体，自然也成为中国赏石文化的渊源。人们在天地宇宙间长期进化，自然形成了全身心的阴阳感知系统：人的生死、白天黑夜、天地日月、冷暖对比、巨大渺小、虚实亏盈、雄雌男女、喜怒哀乐等等，我们的古代哲学将其总结到了很高水平。这一哲学体系必然深刻影响了我们的文化艺术审美。而园林山石审美就是这种对立统一的感知系统在人居环境方面的体现。

接受风霜雨雪浸润和天地日月风化的山石，实际上从另一个角度诠释了以上思想。当社会秩序化到一定程度，石头所代表的顽拙的、清奇的、推崇生命价值、宁丑勿媚的精神便提供了思想的另一维度。对石的欣赏是中国文人自我觉悟的表现。

2.1 “天人合一”观影响了古人的审美感知

从“静态的美感”看，其实是人们对于感知到的事物是需要平衡、对比、调节的。室内的线条、各种器物的规则形状，园内的建筑、道路空间线条的、几何的秩序、人工的痕迹，需要有不规则、不整齐的、自然的东西打破，才能产生美感。山石皱、瘦、漏、透、丑，恰恰具备了这种自然、不规则的特质。

2.2 古代文人的浪漫情怀碰撞天然山石激发了独特的审美情趣

对比一下中西文化风格发展脉络可以清晰地看到，中国古代艺术风格，除了秦代比较写实之外，全部是比较抽象、浪漫的风格，而西方艺术风格绝大部分是写实、理性的。从绘画、雕塑、园林等艺术的对比中，都可以明显感受到中国艺术的浪漫风格。

我们可以梳理一下文人特征在审美浪漫上“怎样表现？”

一是文人的儒道思想融化在血液中，有“天人合一”宇宙观和朴素辩证观，并在艺术欣赏和创作中加以运用。

二是文人有才华横溢的文学艺术素养，往往有卓尔不凡放浪不羁的生活状态，所以更加喜欢不规则的事物。

三是文人在长期的文学艺术实践中，升华出了艺术抽象的意识和能力，所以能够感知和识别相对抽象的美。

四是文人在雅俗格调之间更崇尚雅，在文学艺术创作中源于自然而高于自然，形成了不同于普通人的审美观。（对雅的评判：肥硕与清瘦、甜腻与老辣、平滑与粗糙、艳丽与淡雅、媚俗与清正、机巧与古拙、奢华与质朴等等，文人当然是喜欢后者。）

五是文人人格独立并且个性鲜明，一般对于趋炎附势有着强烈反感，日久养成清高孤傲的处世态度。

同样我们再看一下这些被文人奉若珍宝的山石：以“冠云峰”为例：

图1 杭州西湖绉云峰

一是山石浸润的宇宙信息是“天人合一”的呈现。被风化的山石是天地赐予的鬼斧神工之物，在宅园或者居室人工的环境中是唯一自然之物，给人以“天人合一”的谐调感。

二是山石的形状特征特别符合文人的人生观。瘦：孤傲不羁的性格特征、清高而独立。皱：阅历、坎坷、沧桑、不平滑甜腻，更古拙老辣，相对于光滑的墙面、水面、地面更加具有肌理感（肌理感是人的视觉需要）。透漏：智慧、淡泊、虚实相伴、阴阳相拥、空灵幻化。丑：奇、糙、怪、不规则、不媚俗。

三是山石变化奇绝的肌理具有抽象审美价值。变化无穷的形状，给文人提供了抽象审美享受的对象，在所谓“石文而丑”；“论画以形似，见与童儿邻；作诗必此诗，定知非诗人”；“作画妙在似与不似之间，太似则媚俗，不似则欺世”指的都是抽象的审美，欣赏的是气质、神韵而非具体像什么。

综上所述，中国人能够从天然山石上发现美，就是因为中华文化基因中的浪漫和诗意。中国古代文人的浪漫情怀与天然山石相遇，就必然碰撞出独特的审美情趣。

“动态（或者生活中线性）的美感”同样如此。平淡的时光中也需要一些刺激和调节。文人雅士在诗意仙居的平静状态下生活，也需要一些玩物调整心态。而来自于大自然，接受天地日月之灵气，浸润风霜雨雪之精华，被上苍的鬼斧神工出落得奇灵巧怪的山石，不俗、不媚、不琢、不平，恰恰符合了文人雅仕的这种心态需要，从而一拍即合，一种人类历史上独特的审美意念便由此产生了。所以说，中国的赏石文化是“君子寓意于物”的一个重要体现，顽石本无价，因为寄托了感情而有了价值。

在中国文人看来：一尊顽石，经过亿万年的风化，在漫漫的时间长河中得天地日月风霜雨雪之精华，被上苍的鬼斧神工幻化成天地自然的艺术品，具有变化无限的奇绝相貌，蕴含着巨量的宇宙信息。这些信息被中华文化中的浪漫基因和文人情愫所破译，从而产生了对于本无生命的顽石的欣赏、赞美和崇拜，传承千载而不衰。这就是中华文化独有的赏石审美观形成的原因。

面对这些有缘之石，仁者可于凸凹起伏上观到形似的鸟兽鱼虫或者山水人物，智者能从肌理纵横中体味抽象的韵律之美甚至感悟天地人生。所谓“瘦、皱、漏、透、丑”其实是俊朗清逸、潇洒不羁、才华横溢的人格在赏石审美观上的表达。

2.3 古代赏石审美发展经历了由具象到抽象的过程

特别需要强调的是：古代山石审美从一般观察形状、纹理、色彩到抽象感知肌理、气质、神韵的过程，是经济发展到一定程度条件下，由文人推动形成的。

其实对于石头的喜欢可以追溯到上古时期人们在制造工具的劳动中、祭祀的需要和人们自身装饰的需要。此时的审美是一种原始的、具象的审美，或者喜欢形状、或者喜欢色彩、或者喜欢纹理，但多是因为石头像什么。如唐代人们对于山石的审美还是从发现山石像什么而产生喜悦。白居易在《太湖石记》中说，“厥状非一：有盘拗秀出如灵丘鲜云者，有端俨挺立如真官神人者，有缜润削成如珪瓒者，有廉棱锐刿如剑戟者。又有如虬如凤，若跧若动，将翔将踊，如鬼如兽，若行若骤，将攫将斗者。”

然而到了宋代，文人赏石已经超越了具象审美而发展到抽象审美阶段。如前所述，这正是因为文人深邃的思想内涵和性格特征所致。当你从发现像什么的喜悦中变化到体味出一种说不出的震撼时，你就能理解为什么米芾要拜石了，这时你的赏石审美观不知不觉中完善升级了！

正如中央音乐学院副院长周海宏说：音乐何须懂！被感动到了就是懂了。但是没有相应的文化素养和音乐修养，又怎能被感动呢？

文人的抽象赏石审美又何尝不是如此呢？

3 中国赏石审美优良传统需要在现代园林中发扬光大

我们深刻认识古人园林山石文化的形成过程，就是要知道中国园林中的山石文化是源远流长、博大精深的，在中国优秀传统文化中具有非常重要的地位。我们要深刻认识这一文化现象形成的过程和原因，全面了解园林山石对于古典园林不可替代的地位，总结归纳前人造园置石叠山的理论和实践经验，并且在现代园林中继承和发扬光大。

3.1 切实保护好古典园林中珍贵的山石瑰宝

现存古典园林中的山石，特别是一些立峰名石，是中华文化遗产的瑰宝，应当切实采取有力措施保护好，并且通过各种形式的展示做好文化传承，让更多的人了解这些瑰宝的珍贵价值，感知中华优秀传统文化的魅力。但是确实还有一些古代名石没有得到切实保护，其文化价值还没有得到充分发挥。

3.2 在现代园林中继承和创新园林山石文化

目前由于一些园林从业者对于中国园林山石文化的学习不够，了解不多，所以出现了一些园林绿化工程中随意乱用山石、置石叠山毫无章法等情况，值得引起高度重视。

现代园林里要不要用石，要根据规划设计和建设风格确定，不是所有公园绿地都要用山石，需要使用山石，就一定要用精、用好。现代园林与古典园林在目的用途、造园理念、空间规划、建造风格等方面都发生了重大变化，但是我们完全可以学习和继承古典园林的造园思想，其中也包括古典园林中的山石文化，掌握精髓，结合当代园林创新发展，使园林山石文化在当代园林中得以发扬光大。

在园林建设中要“用石如金”，园林山石有着丰富的文化内涵，在造园中有着极其重要的作用。山石用好了可以起到非常好的景观效果，用不好了反而严重破坏景观。再好的植物配置、园林小品等规划设计也被抵消了。所以要用好山石就首先要懂得山石选好山石尊重山石，其次用量合理恰到好处；第三要让设计师现场指导；第四一定要找好的队伍施工。

3.3 大力倡导艺术传承并培养当代园林山石艺术人才

当前，由于园林山石工程绝大部分是分包工程，所以施工单位利润微薄，已经严重影响了这门艺术的传承与发展。特别需要大力倡导艺术传承，并且大力培养当代园林山石艺术人才。目前，园林届号称“南韩北张”的置石叠山艺术流派传人，“山子张”一脉和国内其他一些历史上叠山艺术流派也已经彻底失传，中国风景园林学会正在积极支持“山石韩”一脉申报国家非物质文化遗产。

同时，应当积极开展园林山石艺术人才的培训，国家和省市行业组织通过各种形式，开展山石艺术人才培养。充分发挥《园林绿化职业技能标准》中“假山工”的评价标准和作用，建立广泛的行业队伍，扩大人才基础。鼓励山石艺术家出版著作，传授自己创作经验。

关注场所，谦和建造

FOCUS ON SPACE, MODEST ON BUILDING

摘要：人居环境由天、地、人三者构成，设计中应该遵守关注场所、适应地域气候、保留历史记忆，采用适宜技术、形式源于展示模式等设计原则，突出表现“建筑应该紧密地锚固于其所在的场所”的理念，并对场所及材料进行巧妙挖掘。

Abstract: Human settlement made of sky, land and people. The design should follow the design principles of paying attention to the place, adapting to the regional climate, preserving historical memory, adopting appropriate technologies and forms derived from the display mode, highlighting the concept of "the building should be closely anchored to its place", and skillfully digging the place and materials.

关键词：建筑设计、关注场所、遵从场地

Key words: Architecture design, Focus on place, Obey place

李保峰

LI BAOFENG

教授、博士生导师，华中科技大学建筑与城市规划学院学术委员会主任、原院长，中国建筑学专业评估委员。1988年、2000~2001年慕尼黑工业大学访问学者。《新建筑》杂志社社长，中国建筑学会绿建委副主任。

图1

青龙山恐龙蛋遗址博物馆外观

图1

1 哲学的途径：从头到脚，始于观念

近代科学早期，培根提出一个著名的观点是“知识就是力量”。但是很快大家反思这件事，于是康德提出“德行就是力量”，光有知识是不够的。包括爱因斯坦也提出这个问题，他认为造福人类的东西也可能是毁坏人类的东西，这时候就要看人类自己的选择。

天地人三者之中，人绝非世界的主宰，人类能力极其有限，人力的合理运用应该采用谦恭的方式。人类作为主体，是跟其他动物不一样的，所以这种既尊重自然，又适度体现人类自身的美也很重要。

一种思想是关注环境，比如中国的先民建造房屋之前会非常仔细地勘察土地，发现对未来不利的情况，趋利避害。当然还有另一种思想就是“愚公移山”，是人跟自然作斗争的文化，这种文化在当今社会体现得特别明显。“愚公移山”这种破坏环境的情况在环境中不断出现。

2 体验的途径：从脚到头，始于体验

青龙山恐龙蛋遗址博物馆在2016年获选世界10座公共优秀建筑，这是中国唯一入选的建筑。博物馆坐落于湖北和河南交界的湖北郧县，展示非常多的恐龙蛋，这里有非常特殊的现象——龙蛋共存。我们当时的设计概念是一定要遵从环境，遵从场地，尽量维持原环境，不把蛋破坏掉。整个项目完全遵从地形，不做任何地形的改造，只是在建筑的形式上略做调整，在这里设计建造了一条栈道，栈道的走向就是根据蛋分布情况来定的，还为数量较多的蛋群设置了观察平台（图1）。

设计团队认为，挖掘现场的恐龙蛋群是展示的最高价值所在，黑暗的环境有助于创造具有久远历史的遗址的神秘氛围。营造氛围是黑暗环境的第一个好处，第二个好处是光线不进来，就不会把热量带入建筑中，这样夏天就不需要使用空调。简单来说，在恐龙蛋群上建造一个栈道和一个房屋，并将房屋某些地方做了特殊处理，房屋北侧的天光由光筒折射进入室内，并集中照亮蛋群，光筒的尺度与恐龙蛋的数量成正比，根据恐龙蛋的位置决定光筒的水平位置和几何尺寸。

房屋利用粗糙的竹模板实现一种容错机理，竹子粗糙的表面使建筑产生强烈的历史感。建筑利用双层瓦，使其中的空气流动并带走热量，而且利用旧瓦片，造价极其便宜（图2）。此外，在通风的设计中团队也有所突破。房屋的窗户在打开时，迎风面产生正压，背风面则是负压，于是风便流动起来。如果做双层百叶窗，光线进不去，但是风可以进去，风就能够带走屋内的热量。所以建筑内部的温度不高。风速最快的时候是9.8m/s，风对降温是非常有效的，有限的光线照到恐龙蛋上，栈道上面只有微微的光保证人们正常行走而不至于摔倒，其他地方则全黑，达到了强烈的戏剧性效果（图3）。

山里的昼夜温差特别大，白天温度上升，夜晚会很快降下去。整个建筑利用简单的技术，增加了一层旧瓦，增加了透风阻光的构造，控制了光线的进入，所以建筑内部的温度得到了很好的控制，也使得非空调的环境达到了空调控温的效果（图4）。

在这样一个环境中，把建筑做成若干个小块，形成了自由的体量，这就是与地形相适应的建造设计思路，与设计团队的设想一致，达到了很好的改造效果（图5）。

图1 青龙山恐龙蛋遗址博物馆室内
图2 双层瓦构造
图3 青龙山恐龙蛋遗址博物馆室内
图4 入口大门
图5 大颗粒鹅卵石散水

图2

图4

图5

驱动城市发展的大型赛事
——伦敦奥运会给我们的启示

MAJOR EVENTS THAT DRIVE CITY DEVELOPMENT: THE INSPIRATION FROM LONDON OLYMPIC GAMES

摘要：以伦敦奥运会的长效规划机制为例，阐述大型赛事及展会的长效发展规划要有远见与大格局，善用城市遗产带来巨大的社会、经济和环境效益等积极效应。伦敦奥运遗产总体规划是遗产价值最大化的组织方法，坚持“奥运后规划”理念和可持续设计，为伦敦城市的发展和城市使用者活动营造一个新的繁华的中心。

Abstract: Author use the long effect planning mechanism of London Olympic Games as an example, expounding that foresight and larger pattern are required for large-scale events and exhibitions. Well Utilization of urban Heritage can bring huge positive impact in society, economy and environment. Overall planning of London Olympic Games heritage is the greatest organizational method of utilizing heritage value. Insist on after Olympic planning method and sustainable design can build a brand new prosperous centre for develop of London and event in London.

关键词：长效规划、城市遗产、价值最大化

Key words: Long effect planning mechanism, Urban heritage, Value maximization

张 祺

ERIC ZHANG

英国 Arup（奥雅纳）董事、城市创新中心总经理。法国里尔一大学博士、英国皇家建筑师。国家发改委“一带一路”研究院专家、美国 AECOM 大中华区原副总裁。从事区域/城市经济、规划设计咨询工作，拥有丰富的国际先进规划理念和经验。

奥运遗产成为重要旅游资源

1 远见与大格局：长效发展的规划

目前中国很多城市选择举办大型赛事作为驱动城市发展的契机，包括体育赛事、大型展会、博览会等。大型赛事不仅能够宣传城市品牌，提升城市影响力，同时可以推动城市基础设施建设，拉升区域土地价值。

1.1 奥运会后场地现状

雅典在举办奥运会 5 年以后，因缺乏后续发展规划，同时受金融危机影响，以致奥运场馆和奥运村在赛后沦为荒凉废弃之地。2008 年辉煌的北京奥运会使鸟巢走向世界，然而会后经营的现实是残酷的，鸟巢建设造价约 35 亿元，但每年的维护费用近 1 亿元，其会后经营始终处于亏损状态。

1.2 博览会后场地现状

青岛世园会建设投资 180 多亿元，由于缺乏长期、合理的会后园区可持续性利用规划和管理体系，仅 5 年时间即破败荒废。上海世博会在举办盛会时就提前思考“世博遗产”、“后世博发展”等议题，着力在会后将世博园打造成为 21 世纪标志性市级公共活动中心（图 1）。北京园博园会后进行了部分拆除与改建，包括将主场馆改建为酒店，将中国园林博物馆改建为国家级园林博物馆并对市民免费开放，成为了北京西南地区市民休闲的新空间（图 2）。西安世园会闭幕后经过改造提升为公益性公园一西安世博园，植入婚庆、文创等产业，年均游客接待量达 600 万人次，成为了西安旅游的新地标。

2 善用城市遗产带来的积极效应

伦敦奥运会是奥运会史上第一次在举办奥运会的时候制定了奥运遗产总体规划，超前的规划意识为城市发展带来了巨大的社会、经济和环境效益。

伦敦奥运会通过调研、数据收集等方法，在社会经济、生态环境以及社会公平等方面做了详尽测算。伦敦奥运会总体投资约 93 亿英镑，其中开幕式约 8000 万，主场馆建设约 5 亿多，除了 60 亿英镑来自于政府投资，其他 1/3 均为企业和个人投资。奥运会期间共接待参赛运动员 1 万人次，游客近 100 万人次，总收入 81 亿英镑。除了直接收益，伦敦还借由奥运会对城市基础设施和公共服务设施进行了全面改造提升。奥运会为伦敦创造了数万个直接就业机会，并带动全英的运输业和服务业发展，同时，创造了更多间接的就业机会。

奥运会主场馆及奥运村所在的斯特拉福德地区，原是伦敦东部最贫困、经济发展最滞后的地区之一，奥运会的举办为该地区带来了历史性的转变机遇。此外，伦

图1 上海世博园遗产整体规划

图2 北京园博园遗产

敦正努力建设世界上最绿色环保的城市，奥运会进一步宣传推广环保旅行理念，为到访者提供生态环保的城市旅游环境（图 3）。

伦敦奥林匹克公园自 2013 年重新向公众开放以来，已累计接待近 1000 万名游客。据英国政府估算，至 2020 年伦敦奥运会将会为英国带来 280 亿～410 亿英镑的后续经济收益。奥运会有效提升了伦敦市的旅游业发展，伦敦更是自 2012 年后蝉联世界最受欢迎的旅游城市宝座。

3 如何使城市遗产的价值最大化

2012 年伦敦奥运会遗产总体规划面积 270hm^2，以“高密度、低冲击”为发展理念，将成为欧洲 150 年内新建的最大型公园。通过奥运带来的投资解决城市发展的问题，并在建设新区的同时创造新城市旅游机遇。

3.1 遗产价值最大化的组织方法

伦敦奥运遗产总体规划作为一种特殊形式的城市更新或者开发，是遗产价值最大化的组织方法。在项目实施的全过程中，从土地收储及准备、规划设计施工、赛事组织开展到赛后转型及长远发展，在每个阶段都将优异的赛事体验和后续发展作为联合关注点，注重赛前、赛时、赛后的全阶段、多层次同步规划。

在伦敦奥运会整个赛时及后运营阶段，奥运交付机构（ODA）始终作为承上启下的角色，保证奥运会的赛时使用和赛后运营的有机结合。政府充分授权奥组委，发挥一定的监管作用但最少化干涉，为类似的政府开发项目提供了可行的组织方法借鉴。

伦敦 2012 奥运城市遗产规划提出，通过一次性投资，解决伦敦长期以来因经费技术欠缺而难以解决的城市问题。通过区域性重建，修补被破坏的城市肌理，为城市土地的使用增加价值，形成伦敦新的出行目的地。坚持“奥运后规划”理念与方法，着眼于解决城市与本地社区的实际问题，为伦敦城市的发展和城市使用者活动营造一个新的繁华的中心（图 4）。

3.2 遗产价值最大化的项目成果

伦敦奥运会充分考虑遗产价值的最大化利用，取得了很好的项目成果。在赛事阶段，以后续发展规划为导向，

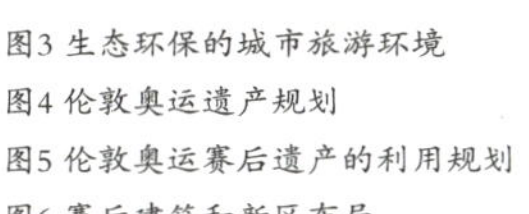
图3 生态环保的城市旅游环境
图4 伦敦奥运遗产规划
图5 伦敦奥运赛后遗产的利用规划
图6 赛后建筑和新区布局

为赛事需求安排了固定和临时场馆、临时设施、奥运村等（图 5）。临建设施采用环保材料，便于拆除，以便相应的场馆空间在会后继续为城市服务。在后续发展阶段，基本保留了核心景观空间以及体育馆、控制中心、媒体中心、医院、学校、商业等建筑设施，为市民和企业所用，部分临时场馆拆除，相应的土地开发为新建住房（图 6）。

具体项目利用上，原奥运主会场——伦敦碗，作为运动、文化交流和教育的新场所保留利用。原奥运会手球馆在赛后永久保留并向公众开放，以供社区居民运动健身休闲、运动员训练以及重大活动举办。伦敦水上中心赛后为市民提供潜水和家庭游泳课程等广泛的水上运动计划。东部小镇将发展成为集合居住、教育、休闲及娱乐于一体的绝佳生活环境，成为伦敦新社区的典型标志之一。糖屋岛由原奥运会期间的历史街区转型为全新的商务办公以及住宅休闲新区，温室花园也成为后奥运发展的新门户区域。

3.3 遗产价值最大化的可持续设计

伦敦奥运遗产的可持续设计分为 3 个阶段，包括赛前赛时的动员、赛后近期的园区转型和赛后远期的园区再生。可持续设计重点凸显包容性、气候适应性、健康生活、材料及废弃物管理、生态及生物多样性等 5 大主题。

包容性作为西方规划设计倡导的理念，是规划设计师和城市建设者遵循的基本原理之一，伦敦奥运会在规划建设新社区时，充分考虑为低收入者提供住宅、职业培训等设施，致力于实现包容性发展。气候适应性主要是从技术上应对气候的变化，注重能源节约与低碳建设，推行实施零碳房屋建设。材料及废弃物管理方面，新建项目使用 100% 可持续的清洁型材料，并明确目标在 2025 年全面实现零城市废弃物填埋。注重生物多样性及开放空间建设，园区及其周边区域新增 102hm^2 公共空间，同时倡导促进市民健康活力的生活方式，构建“以人为本”的交通网络，以可持续规划设计建设，谱写城市蓬勃发展的新篇章。

传承经典，绿色发展
——河北省第三届园林博览会规划设计

INHERIT CLASSIC CULTURE TO REALIZE GREEN DEVELOPMENT: LANDSCAPE DESIGN OF THE THIRD HEBEI GARDEN EXPO

摘要：当前的国家发展战略给河北省带来了巨大的发展契机，邢台园博会应该是这个契机的一个重要节点。园博园的规划设计应当树立文化自信，强调传承经典，并实现绿色共享，生态和谐。无论是核心规划，还是一系列产业提升的策划，目标是要用园林提升生活，用风景改变城市，让园博会真正成为城市大花园核心，成为“永不落幕的园博会”。

Abstract: Current national development strategy brought huge develop opportunity to Hebei province. Xingtai garden Expo is an important node in this opportunity. Planning design of garden Expo should establish cultural confidence and emphasize inheriting classic culture to realize green share and ecological harmony. No matter central planning or a series of industry improvement plan all aim at use landscape to promote life and change the city, to let Expo to be the city garden centre. Therefore to realize a never closed garden Expo.

关键词：园博会、中国园林、规划设计、绿色发展

Key words: Garden Expo, China landscape architecture, Planning design, Green development

贺风春

HE FENGCHUN

苏州园林设计院有限公司董事长，江苏省设计大师。兼任中国勘察设计协会园林和景观分会副会长，中国风景园林学会规划设计委员会副理事长等职。担任北京林业大学、东南大学、苏州科技大学及苏州大学硕士生导师和客座教授。获得20多项住建部、全国勘察设计行业及江苏省的优秀设计一、二等奖和全国优秀工程奖。

山水居

1 园林设计要彰显文化自信

2019年11月5日，国家主席习近平和夫人在上海豫园会见前来参加进博会的法国总统马克龙夫妇时说，“选择在豫园款待总统先生和夫人，希望你们能领略中华园林之美和中国的传统文化。”文化艺术表现形式不同，但带给不同国家民众的心灵体验是相通的，不同文化可以和谐共生，各美其美，美美与共。

当前，中华民族伟大复兴进入新的阶段。在这个过程当中，园林人要不断进行自觉的文化思考，反省在过去做了哪些传承和发展，又走了哪些不适当的弯路。中华民族的文化基因要与当代文化相适应，与现代社会相协调。我们要怀揣着文化自信，坚信优秀的中国园林文化，坚持天人合一、道法自然的思想和理念。

在做河北省第三届（邢台）园林博览会规划设计的时候，我觉得首先应当树立自己的信心，强调传承经典，让传统文化、中国设计得以彰显。第二，园博会是为人民服务，为城市服务的，必须是绿色共享的，要让生态和谐，让人们开心，这是园博会最终可持续发展的一部分。

当前的国家发展战略给河北省带来了巨大的发展契机，邢台园博会应该是这个契机的一个重要节点。怎么对接国家战略，怎么践行总书记的“两山论”理念，怎么结合邢台市自己的人脉、地脉、文脉做这届园博会，是我们反复思考的方面。

为了做好园博会规划设计，我们进行了认真的分析，首先对标了江苏省第十届园艺博览会，又对标了河北省前两届园博会，还研究了一些不同级别博览会的主题和特征。我们觉得，园林博览会应该是城市发展的一个新的绿色引擎，它不是简单的公园，也不是简单的城市风景区，而应该能够对城市的综合价值，如生态价值、环境价值、园林价值，包括产业价值和生活价值等，都要起到一定的提升作用。很高兴地说，我们初步实现了一部分。

2 邢台园博园规划设计策略

2.1 生态优先，绿色发展

要结合前面的前瞻性规划，做好生态修复，做好低碳发展。邢台市20年前做城市规划时，就把邢东塌陷区16km^{2}预留出来作为生态绿地，恰好给今天的发展提供了机会，园博园又选在它的东南角，对接高铁新城，对接邢东新区的发展，为整个邢台的转型发展打响了“第一枪”。

前瞻规划很好，但困难也很多。初期我们与邢东矿区还有一些安全专家一起对6.7km^{2}的采煤塌陷区进行了科学研究。结合上位规划及很多专家提出的建议，形成了以大水面为主，以最大的生态公园为基体，讲究文化传承的思路，让场地发生蝶变，变废为宝，低碳发展（图1）。

一个园博会的运作，将来要不断投入，不断再发展，经营怎么办，绿色基地怎么办？我们提出通过合理的堆山理水形成“水中有水，园中有园，活水公园”的城市山水核心，这样它就是集景式的空间，为城市打开第一道山水之门。

2.2 传播传统文化，建立民族文化自信

到了河北大地，感觉到中华文化的源远流长与厚重，到了邢台又看到中国园林的源头之始。所以一定要把中国传统的园林，文化基因、文化自信以园林的形式表现出来。八百里太行最绿的地方在河北，最美的地方在河北。来到河北看到邢台的大陆泽湿地，让我们对做大水景充满了信心。我们又看到作为河北古代都市的走廊，再看沙丘苑台中国园林的发源，再想到我们将来要建设的公园城市，一系列的研究坚定了我们的主题。

2.3 供给侧改革，调整结构，实现绿色产业转型

一个园博会，不是园林人自己玩的，也不能设计完一个公园，规划设计者就走了，应该借此机会撬动一次发展。

我们提出，园博会应该是创新的园博，要对基础产业，如园林、建筑、旅游、服务产业进行升华。还要发展新的产业，借园博会的展馆开展会展，借园博会的基础做好文创，跟进时代的发展做一些电竞企业，等等。我们做了一个园林产业的畅想，部分正在实现过程当中（图2）。

2.4 实现人民美好生活

园林是为人民服务的，习总书记说我们要惠民、利民，要顾及民生。民生的园博就是要提高城市的服务质量，提高宜居生活质量，提高绿色生活品质，这就是园博会对人民的服务。

2.5 世界眼光，全国领先——高点定位，全方位动态策划

我们提出对标雄安，高点定位，用全方位动态策划为园博会可持续发展打好基础。在跟一些专家一起探讨的时候，我们大胆提出要做一次国际水景展，要做一个国际儿童设施展，要做最顶尖的智慧园林展，还要用花园社区的理念影响园博会，推向整个城市建设，还要做一系列的论坛、演出。园林艺术馆的诞生，也是源于最初的一些设想和思路。

3 邢台园博园总体规划设计

3.1 规划定位

前期策划时期想到了很多主题，最后选中“太行名郡·园林生活”，又给它加了一个很美的副主题叫“梦回太行，园来是江南”。具体落实到后面的规划，我们提出这里将来是城市的绿心，是城市山水人文的核心。要从3

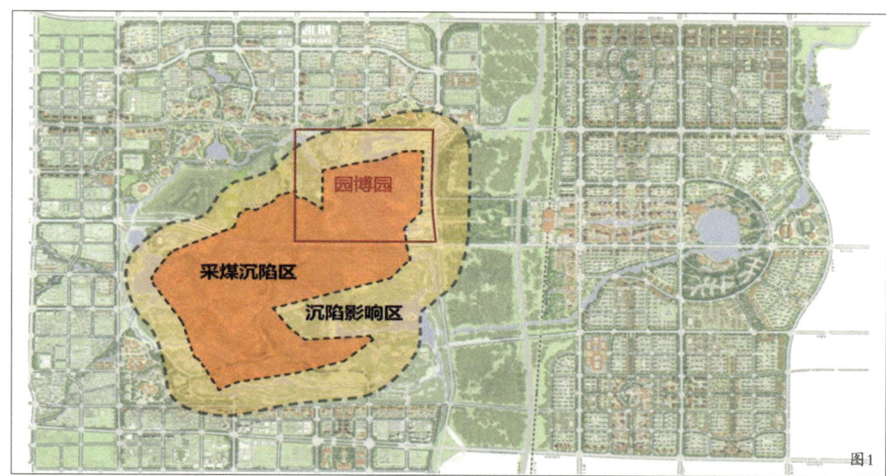

图1

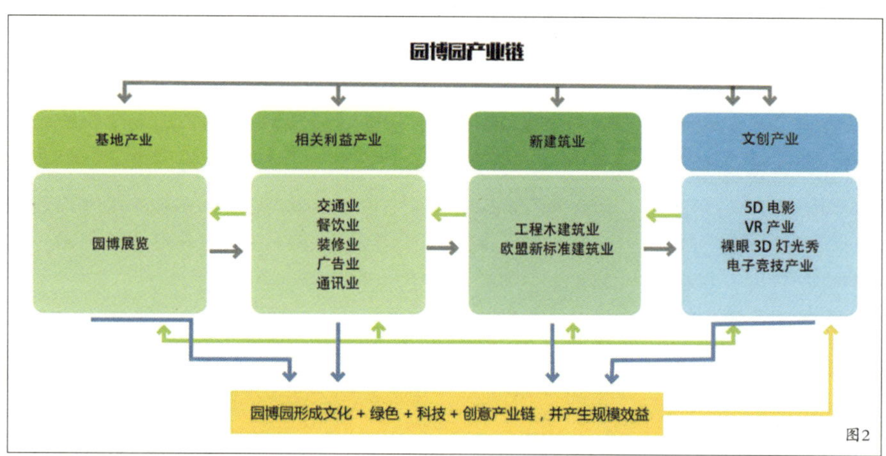

图2

图1 园博园选址
图2 园博园产业链
图3 鸟瞰图
图4 园林艺术馆

个方面考虑：第一，通过写意的山水，通过名园名景的植入，形成山水景观；第二，要溯源中华文化，把中华文化和园林文化紧密结合；第三，要留下创意，用科技的手段引领创意，引领园林设计发展。

3.2 选址及愿景

园博会选址做了3次草案，最终才选的现址。现在看它的妙处是大大的，为什么呢？它刚好对接了高铁新城的轴线，从高速公路进入泉北大街和邢州大道的时候，将城市第一界面打开了，又对接了邢东新区新的居民中心，以及城市博览中心等一系列的耦合。或者说，最终选定这个位置的时候，为未来留了很多余地，也为城市打开了一个新界面。很多嘉宾和领导从外省市过来的时候，从高铁或者高速公路下来，无论是沿着邢州大道还是泉北东大街，会看到园博会打开城市山水的第一面，为一个美丽的城市揭开面纱。

3.3 规划结构

关于大的结构，我们提出“一核、两岸、五区、多园”的概念。什么是核？山水之核，人文之核。山水二字在中国人心目中，有很多说不尽道不清的东西，“智者乐水、仁者乐山”，山水是第一核心，也是形态核心。两岸，向东用全开放的设计，没有围墙，没有收费，以开放的城市滨水空间的形态展示给百姓，为百姓服务。向西，对接未来的整个大生态园，以生态绿色，包括城市展区的铺开，为未来的生态公园打一个基础。中间则结合创意展园、邢台主展园以及花园社区进行合适的布局（图3）。

3.4 水系规划设计

最终的平面图，对水也进行了科学的计算。水由牛尾河和东光河引来，作为城市水系的一部分，既是城市的排洪体系，也是城市的水脉体系。但是考虑到跟园博会之间水质的分隔，我们以一个低岛的形式，既分隔了空间，又分隔了一个水系，解决了水功能的问题。结合场地上现有村庄的一些河流进行净化、疏解以后，形成从西向东由高至低的不同的水脉体系，以水为整个脉络，把场地串联起来。

图3

图4

4 邢台园博园规划设计亮点

研究园林史的人都知道，周维权先生在中国古典园林史里讲到，中国第一个贵族园林沙丘苑台是中国古典园林的最早形式，这个沙丘苑台就在邢台。再看整个河北省，在望都出现的盆栽，还有顺德古城，以及非常宏大的承德避暑山庄，让我们看到了河北园林深厚的底蕴和不断的发展，以及多方面的优秀作品，我们就给了这次园博会一次“回家”之旅，溯源之旅的意义，希望这次园博会能担当起展示中国园林文化精髓的使命，能够营造诗意园林生活，能够为邢台创造崭新的园林时境，不是江南，但是要胜似江南。

4.1 园林艺术馆

园博园有两个主展馆，一个是园林艺术馆，一个是太行生态文明馆。河北省建筑大师郭卫兵设计了太行生态文明馆，把太行文明的研究融入汇集到这个馆里面，不断再提供研究和交流的机会。我们设计了园林艺术馆，“其形为台，外为城，内围园”，呼应邢台二字，更呼应邢台的历史。在这个总面积约6800m^{2}的馆里，由北京林业大学李雄副校长带领的团队对河北园林史第一次完整地进行了研究，做了精美的展板，把河北省的园林文化、园林艺术特色以及发展传承很好地展示给了全国的同行（图4）。

4.2 江南园林的植入

江南园林在中国园林发展的过程中达到了艺术的高峰。我们回馈于源泉之地，用江南园林的美丽，江南园林的艺术来展现园林，表现园林，所以做了山水居等几个经典的园子，但不是简单地做园林，而是有更深刻的意味在后面。

通过与北京林业大学和中国风景园林学会的合作，在山水居里以陈俊愉院士的生平事迹和他的梅花研究文化为主题，用园林的形式表现山水美、文化美以及人文美。

知春台，以中华园林规划界泰斗孟兆祯院士的学术研

究，以及以他为首的北林规划园林界的一些成就作为园林展览，融入精美的园林生活当中（图5）。

留香阁在山顶上，因为是塌陷区，所以最高浮土不得超过18m，借18m的基础丘陵，再加上3层阁，建筑面积只有404.8m^2，但是以自己的形式巧妙立于山之巅，形成核心的制高点。

4.3 大门的设计

两个大门设计得不错，非常简约、纯朴，又非常大气。利用了牌楼加台的形式，用现代材料、现代工艺，传统文化再创新表现，建设出来效果很好。中央美术学院程坚大师的“祖乙迁邢”雕塑，为整个出入口打造了非常宏大的场面。将来，这里一定会是邢台城市的一个大客厅，一个文化的亮点，一个绿色生态的起源点。

4.4 园林景观小品

园林景点，有桥梁，有廊桥，有亭桥，有小栈桥，很多生动活泼的雕塑，可以看到蜻蜓的舞动、小鸟的飞翔、体育健身的人们，以及邢台文化和会徽的展示，在整个园林公共活动空间中相融相生。这些小品、亭、廊、架，既是现代的结构又是传统的文化，既在创新当中又在传承当中，为百姓提供了休闲娱乐的新空间。

4.5 城市展园

13个城市如何表现，我们提出“四大组团加一个核心”。一个核心，一定是为主展城市服务的，让它亮出他的服务平台。四大组团，结合河北省的地形地脉以及人文脉络的划分，我们提出了“湿地浅滩、平川畿辅、坝上堆关、滨海商埠”，这样通过组团式镶嵌在绿色的山水之巅，就打破了过去像牌坊式、街坊式、开发商式的门户挨门户形态，让它充分得以展示。所以整个园林可以看到彼此是有分隔空间的，又有共享的公共空间、公共主题。

整个展园面积很大，1万m^{2}左右。每个城市把自己的文化、特色、造园水准在园林里得到了一个很好的表现，也是一种互相交流。在这里面我们看到了传统，也看到了现代，

图5 知春台

看到了中而新，更看到了河北园林的一种态势。

4.6 国际水展

我们大胆地高点定位，引进了国际水展。水展非常精彩，以“山水邢台”为主题讲了一个邢台的历史故事，在山水活跃之间让人们感受邢台未来的发展。

4.7 儿童公园

邢台市有儿童自行车产业，所以想把儿童游览设施引进来，既做好一个儿童公园，又把这条产业链让它更高地提升。后来曹南燕专家又把它更高地提升了一下，以中国母子公园为核心主题，把爱心嵌入公园，让孩子们在游乐中更深地体会社会的爱，体会对下一代的关心。这也是对园博园的升华。

4.8 创意展园

园博园还有心地设计了一些国际花园小社区、小菜园、花园等。部分实现了，部分没有实现。但是这种理念引导人们热爱自然，回归田园，安静生活，这就是我们想创造的美好生活。

4.9 植物展览

省住建厅的领导请了植物专家多次来与我们对接，对在这个园博会里面如何以专类展园的方式，把能够在河北大地很好生长的植物进行归纳总结，形成一个非常好的植物园体系。再结合盆景展览、花卉园艺展以及一些应时的珍稀品种的展览，为整个园博会在园林艺术方面做了一个典范。植物要经过一个生长过程，等它生机勃勃起来，园博会就是灿烂的、美丽的。可以看到种植形式是多种多样的，珍稀品种也恰到好处地在一些区域进行了展示。

无论是核心规划，还是一系列产业提升的策划，我们的目标就是要用园林提升生活，用风景改变城市，让园博会真正成为城市的大花园核心，成为“永不落幕的园博会”。这次邢台园博会是中国园林精神的一次“回家”之旅，将会撬动城市的未来发展，为邢台打造花园城市做好示范区。

科技创新驱动人居环境事业发展

SCIENCE AND TECHNOLOGY DRIVES HUMAN SETTLEMENT CAREER DEVELOPMENT

摘要：创新是人居环境事业发展的原动力。园林植物产业发展随着城市化进程的变化而变化，创新意识、品种意识是产业发展的关键，只有掌握核心技术才能在竞争中立于不败之地。

Abstract: Innovation is source power of human settlement career development. Development of landscape plant career transform by urbanization. Consciousness of innovation and brand is the key of career development. Only the one who master core technology can in an invincible position in competition.

关键词：科技创新、人居环境、知识产权

Key words: Science and technology innovation, Human settlement, Intellectual property

包满珠

BAO MANZHU

华中农业大学教授、园艺林学学院原院长，住建部风景园林专家委员会委员，湖北省园艺学会理事长，《园艺学报》副主编，《中国园林》、《风景园林》编委。发表论文100多篇，申请国家专利4项。主编、参编、主译专著及教材10余部。入选教育部新世纪优秀人才资助计划。

悬铃木"金项链"

1 科技创新与人居环境概述

创新是一切事情发展的原动力，当今社会有很多创新，人们对创新的意识与以前不一样，但是有些创新可能对人类生存是有利的，有些对人类生存发展是不利的。科技创新与人居环境联系密切，简单概括无外乎就是新材料、新技术、新工艺等几个方面。

人们日常使用的服装材料、墙面材料、混凝土材料等等，包括彩色沥青，每一次进步都会在一定程度上促进对园林行业的发展，其中植物材料对园林行业来说是最主要的。从事园林行业的人也要创新植物材料，只等园艺行业的人去创新是不行的。园艺行业主要研究对象是切花，而关于园林植物的研究相对较少。从事林业和园艺的都不研究园林植物，所以这个空白必须由从事园林行业的人来填。研究园林植物要利用新技术，新的工程技术和新的研究手段。每一次技术进步就推动了整个产业向前的发展。

新材料、新技术需要新的制作技艺、新的维护技艺来支持。园林是多学科交叉融合的，涉及面很广，但是园林行业的核心阵地，换言之如果要做园林创新的话，主战场在哪个地方？主线在哪儿？建筑材料的创新由专门做材料学的人来做，关于工程方面的技术，园林行业实质性的创新其实是非常少的，基本上都是借用别人的技术和材料，是典型的拿来主义。

2 园林植物遗传育种进展

园林植物育种主要包括花色、花香、花型、抗逆、特定目标育种等方面。花色方面的典型育种材料是矮牵牛和月季，花香方面的典型育种材料是月季和牡丹，花型方面的典型育种材料是菊花和矮牵牛，抗逆方面是梅花和菊花，关于特定目标育种主要讲一下悬铃木。

在园林植物遗传育种技术层面，以杂交育种为主的植物中，月季、梅花、菊花都有很多的成功案例。利用细胞工程育种的植物有悬铃木、紫薇等等。基因工程、转基因工程目前比较成熟的主要是梅花和菊花的育种方面，月季在这方面上的研究也是不错的。前段时间引起广泛关注的国花评选中，牡丹的呼声最大，但相对来说牡丹的育种研究是比较落后的。从生物技术这个层面来说，牡丹在花卉行业里面排名很靠后。在基因组及生物信息方面，典型的育种材料应该是梅花、菊花、月季，而且我国完成了全世界首例梅花基因组测序。

3 中国花卉苗木产业现状

中国的整个花卉苗木种植面积比较大，生产效率比较低，品种特色比较少，自主产权的品种也很少，这就是中国花卉苗木产业发展的现状。

关于中国花卉苗木研究主要包括基础研究、应用基础研究、应用研究等方面，但是不同物种的状况是不一样的。

从文化层面来说，人们比较喜欢用外来物种，崇洋媚外的思想在一部分人的脑海里根深蒂固。从意识层面来说，就是拿来主义，人们总觉得别人已经有了，就不用再研究，直接拿过来用就可以了，典型的拿来主义，而且对知识产权的意识淡薄。从机制层面来说，我国自主研发缺乏系统设计，对知识产权保护不力。

4 创新驱动花卉苗木产业发展

创新驱动研究由政府和企业共同主导。我国这几年主张企业是创新的主体，园林企业中的上市企业有20多家，真正有自主创新的东西没有几家。想要在企业中推广自主创新，还要先做到保护知识产权，知识产权受不到保护，创新的原始投入就得不到回报。

机制层面要建立企业与科研院所的广泛合作机制，企业是创新的主体，要建立长期稳定的研发体系，长期稳定的研究才能出成果。研究成果需要得到保护，所以也要完善保护知识产权的机制。

5 悬铃木遗传育种

5.1 悬铃木在园林绿化中的重要作用

全世界的悬铃木分为6个大种，几十个小种，自然分布在南亚、地中海地区和北美洲等地区。南亚地区有一个很小的悬铃木，法国、英国的悬铃木都是在地中海沿岸，悬铃木真正的主产区在北美洲，加州悬铃木、美国悬铃木、墨西哥悬铃木都在这个地方。

悬铃木是世界“行道树之王”，其有生长迅速、冠大荫浓、适应性广、抗逆性强、耐修剪、抗空气污染能力强等特性，广泛用作公路、街道、庭院和工厂绿化树种。我国悬铃木应用最著名的是金色项链，悬铃木比别的树高大一些，而且秋天金黄，景色很美丽。目前我国现存最大的一棵悬铃木位于新疆和田，据说有上千年的悠久历史（图1）。

5.2 悬铃木的不足之处

悬铃木最大的问题是落花落果，飞毛污染。落花落果飞毛等问题会污染城市环境，使清洁工作加重，也会影响交通视线，导致行车不便，引发交通事故（图2）。不仅如此，悬铃木还会危害人体健康，导致皮肤瘙痒、咳嗽等不适，诱发鼻炎、花粉症等过敏性病症，引发角膜炎、哮喘、呼吸道感染等疾病。而且叶片的毛也很厚，飞毛的问题非常严重（图3）。

图1 新疆和田最大悬铃木
图2 悬铃木落花落果飞毛污染
图3 悬铃木叶片的毛
图4 悬铃木嫁接枝条
图5 悬铃木2倍体和4倍体杂交试验

图3

图4

5.3 实生选育

我国从1993年开始做悬铃木育种，经过整整26年的选种、调研，发现多年不结果的优株。将枝条采回来以后进行嫁接，反反复复的试验，进行育性鉴定，确定植株不结果，或者很少结果才继续推广。嫁接在华中农业大学行政楼前的悬铃木枝条基本上不结果，性状还是比较稳定的（图4）。

5.4 倍性育种

经过了十几年的悬铃木倍性育种试验，基本解决了悬铃木结果的问题，但是其顶端优势不明显，在生长过程中枝条就会横向生长。研究生正在做2倍体和4倍体杂交试验，这就涉及了知识产权保护的问题，将更好的育种成果推广到市场上（图5）。

图5

5.5 诱变育种

诱变育种的株系很有意思，整个植株不结果，一个种子没有，更加没有飞毛的问题。

5.6 分子育种

悬铃木的分子育种包括下胚轴为外植体的植株再生和叶片为外植体的植株再生，对其进行遗传转化，并尝试进行悬铃木成熟胚转化试验。研究悬铃木开花调控分子机理，克隆了一批悬铃木开花调控与花发育相关基因及启动子，对其表达特性和功能进行了分析鉴定，为悬铃木不育基因工程改良提供了理论依据。

研究去除悬铃木叶片表皮毛时，在显微镜下观察到的叶表细胞毛很多，而且前端都是尖的，会刺激人体黏膜，流鼻涕、流眼泪与其有关。经过转基因以后，悬铃木叶片基本上没有毛了。目前育种工作还在进行当中，关于悬铃木育种包括少球少果、无球无果、无球无果无毛等，创新意识在整个过程中起到了重要作用。

6 总结

园林产业随着城市化进程的变化而变化，创新是行业发展的驱动力，知识产权的保护是大趋势，拿来主义并不是永远都可以的，只有掌握核心技术才可以在竞争中立于不败之地，所以要推广企业自主创新和行业创新。

城市公共空间的多元介入

MULTIPLE INTERVENTION OF URBAN PUBLIC SPACE

摘要：现代化更多是一种城市的生活。城市中的公共空间营造，是城市生活所应该具有的公共场所。公共艺术是为城市公共空间环境相适应的设计，其作用并不都在于让雕塑讲城市的故事，还有一类是超乎自己想象的艺术，用想象不到的方法来讲述故事。公共艺术在城市生活中可以改变人们对城市的感知。链接城市的城市公共空间与空间公共艺术，也是当代城市一个非常重要的方向。

Abstract: Modernization is a kind of urban life. Public space construction in city is required in urban life. Public art is suitable design in city public space, and the function of it not only is to let sculpture to tell urban story but also can use an unthinkable way by unthinkable art to represent a tale. Public art connects urban public space and city, which is an important direction in modern cities.

关键词：城市生活、公共空间、公共艺术

Key words: Urban life, Public space, Public art

周宇舫

ZHOU YUFANG

中央美术学院建筑学院副院长兼建筑系主任，教授、博士生导师，中国建筑学会科普工作委员会委员，中国建筑学会建筑改造和城市更新专业委员会常务理事。

名古屋荣交通综合体

1 城市中的公共空间营造

城市中的公共空间营造，是城市生活所应该具有的公共场所。现在城市的生活，是依照想象力而逐步建构起来的。大概五六十年代的时候，建筑师的设计处于一个比较基本的阶段，西方出现了很多想象的未来图景，比如空中城市、新巴比伦，对城市的想象都是基于对城市的经验。

我国现在城市化进程非常快，但城市化还不够，没有形成丰富的现代化的城市生活。现代化不仅仅是使用的器具、居住的房屋和街道汽车的多少，更多是一种城市的生活。

在这个西方思潮下对资本主义的建造，以资本来支撑的城市景观的反思或批判，更注重日常生活无目的城市中间的活动状况，都是一些开放的但形式不确定的东西。由此延伸出来了一种思路，也就是把城市作为认知对象进行新的认知。

90年代末期由欧美几位建筑从业背景的景观师们提出来的思潮，叫景观都市主义。这要回溯到建筑师当年在巴黎做的公园竞赛，其中建筑师屈米的方案被实施。公园里有若干个小的红色建筑，这些红色的建筑并没有什么实际用途，有的空间还是矛盾的。公园中有直直的道路将河流、水系隔开，非常有建筑感，也具有城市的特点。这其实也是一种人工的环境，人工的自然。人类生活在人工自然中很多年了。在巴黎的国家科技馆广场，晚上还可以作为露天电影放映场所，这些都不在最初的设计中，但是也是城市生活的一部分。

城市公共性并不是为了组织大的活动，而是和城市中漫游性的随机发生、游牧性的生活相关。旅游，就是一种游牧性的活动。

2 公共艺术——艺术改变人对城市感知

近些年在我们国家的城市中，也提出一个比较明确的概念，就是加强城市公共艺术。公共艺术最初的探索，是一种开放的、由公众参与和认同的探索。公共性空间称为公共空间，公共艺术就是与这种环境相适应的设计。

美国著名的当代雕塑家理查德·塞拉，在纽约联邦广场上做了一个公共雕塑——一道很长的金属墙。这个墙当时是作为一种观念艺术放在广场上，在市民的评选中，因为其对广场分割的太大，引起交通不便，这也是艺术家预想的情境，让人在不便中理解艺术的力量，最后被拆掉了。艺术在城市生活中是可以改变人们对城市的感知的，这是公共艺术的力量。

在阿姆斯特丹有着一个早期的数字时代的公共艺术品。其中的几种颜色代表这个城市的情绪，而这些由网民们来决定。每天居民游客登录网站，把今天对这个城市的感受进行选择，数据统计以后颜色会发生改变。当别人看到就知道这个城市的人是快乐还是忧郁，这是互动性的公共艺术。

芝加哥的千禧公园，也是有代表性的公共场所（图1）。其中的公共艺术品对于城市居民、游客和小孩的吸引力都

图1

图2

图1 芝加哥千禧公园
图2 芝加哥城市雕塑
图3 西雅图奥林匹克雕塑公园

图3

非常大，非常生活化。这些艺术品都起着重要的作用。在千禧公园中，有一个云门，是由阿尼什·卡普尔设计的，在白天和晚上的时候，人们会发现其中有自己变形的投影，此处经常吸引很多人拍照片，变成了打卡胜地。

公共艺术品的作用并不都在于城市中叙述性的雕塑，让它们讲一个城市的故事，还有一类是超乎自己想象的艺术，用想象不到的方法来讲述故事。2016年芝加哥小熊队经过108年又一次赢得了冠军，整个芝加哥沸腾了。城市沸腾的结果是巨大的雕塑一下变成了小熊队的队标（图2），产生城市名片，这就是公共艺术的力量。

3 公共空间艺术

在纽约，有一个被称为“容器”的公共艺术建筑，在曼哈顿建构了无穷往复的台阶，人们可以爬上去欣赏周围城市风光，建筑本身具有空间感。这样的作品能够把艺术、互动和感知融合到设计中。这种艺术，普通的概念叫做空间公共艺术。

当代艺术的特点，就是人们不止在欣赏建筑，还能融入其中。这类构筑物是现在新的趋势，能够给人们提供特别的空间体验。景观作为一种城市基础设施，是有生命的。景观形成明确的概念，使景观设计师跳出了园林设计、绿化设计的范畴，更能够介入到城市中。美国西雅图的奥林匹克雕塑公园，利用公共性雕塑作为点的元素，将几个重要的高速路、铁路串起来，使其与水面建立了联系（图3）。

4 链接城市的城市公共空间与空间公共艺术

链接城市也是当代城市非常重要的方向，城市会渐渐走向复杂性，景观、公共空间以及交通性枢纽、商业综合的组合，在大城市中逐步在形成，但没有特别明确的整体性的完成。

在日本一些城市及我国香港特别行政区，在2000年以后，链接城市成为重点的研究项目。2005年，日本名古屋市举办世博会，就在设计建设荣交通综合体时，结合了市政建筑、商业地铁、长途车站以及城市公共活动和景观高度融合，提供了全新的概念。

那一届的世博会场馆设计采用宇宙的概念，荣交通综合体的顶部是玻璃建造的宇宙飞船式的建筑。这个建筑可以接收雨水，雨水进入灌溉绿地的雨水收集系统，同时人们还可以到顶上居高望远，是非常综合的城市交通节点，也是一张城市的名片。

无论如何重建我们赖以生存的城市，它都必然会是一个人们的集体记忆，并不是个人的或者是说是一类人的记忆，它必然是复杂的。这种记忆应和十九大报告中提出的创造美好的生活情景。美好生活情景，建筑、城市、景观提供的是人们融合其中进行感知的一种自然情景。

城市居住区景观设计的重要性

IMPORTANCE OF LANDSCAPE DESIGN IN URBAN RESIDENTIAL COMMUNITIES

摘要：全球土地面积的2%是城市，其中有着世界将近50%的人口。景观师面临着空间的有限性和人口的急剧增加和因此造成的高空间密度，需要应对人与土地的冲突这一重大挑战。此外，城市健康，城市安全和资源的破坏也是很大的问题。景观师对社区的营造不仅仅是在场地营造，更是在塑造一个整体的城市形象。

Abstract: City occupies 2% area of global land space and 50% population all over the world. Landscape architects are facing a huge challenge between conflict from people to land which caused by limited space and rapid increase of population. Moreover, city health, city security and resource destruction are big issues. Building a community is not only build place, but also to build a overall city image.

关键词：人居环境、城市设计、社区设计、水景观

Key words: Human settlement, Urban design, Community design, Water landscape

Christian Hartmann

德国莱茵之华设计集团项目总监，高级景观建筑师。德国注册建筑师。在德国慕尼黑和多个南部城市，以及中国广州、天津和青岛等地实现建成项目。专注于住宅区、城市更新、公共公园，以及工业和商业建筑等多个领域。

地球南方

作为景观师和规划师都面临未来人居环境的挑战和问题，所以我用德国的案例以及我们的策略描述一下。我们祖先生活的环境中有非常丰富的元素，其中包括很多自然元素，人与自然关系是很亲密的。我们现在生活的地方与之有巨大的差异。生活在我们现在的居住环境里，人可能会感觉到不是很舒服，而且会出现很多的社会问题。

1 城市面临的3个挑战

世界上有将近50%的人口居住在城市里，但是城市仅占全球土地面积的2%。因此景观师面临巨大的挑战就是空间的有限性和人口的急剧增加，以及因此造成的高空间密度和人与土地之间不可避免的冲突。然而景观就具有这样的多功能性，可以缓解居住区、城市密度的问题。

另外一个城市很大的挑战就是城市健康，因为居住的密度过高导致基础设施聚集度也比较大，造成城市空气质量下降、噪音污染等等。但是作为城市居住区的景观可以改善空气质量、城市气候、降低噪音，甚至能够帮助动物改善栖息环境，保护生物多样性。

安全和资源的破坏，也是我们面临的另外一个很大的挑战。通过景观设计不仅可以改善自然环境，还可以更好地保护土地，以及水的补给。城市里有很多高楼大厦，这些城市资产很可能会被大灾害毁掉，但是景观有可能把这样的危机化解。

2 如何应对城市中的挑战

城市里居住的不同人群对同块场地有不同的需求，景观师需要考虑怎么调节和融合这些需求，用一块地作出多功能的效果。

人类过去的居住方式都是以家庭为主体，私人的庭院占据比较多。而如今人与人之间的互动产生了变化，物质的空间也降低了。

景观师对社区的营造不仅仅是在营造场地，更多的是在塑造一个整体的城市形象，这里就包括了提升人的生活品质以及展现风格和身份。

2.1 利用园林博览会发展城市社区

景观的作用不仅仅是美化环境，营造出的是更加现代化、更加生态的，并让空间增值又美观的社区环境。用德国慕尼黑的一个案例（图1）做个例子，这是原来慕尼黑机场，在机场关闭后变成了比较破旧的区域，没有太多的发展。之后政府决定在这个区域办一个园博会，复苏一下当地的整体环境和经济。这个举动对当地开发商有很大的鼓励，园博会的开展，让他们觉得这个地方会变成很好的环境地带。

开发商很好地利用了这个区域，直接在公园前面设计了一个庞大的居住区。公园本身是一个很大的绿地系统，除此之外，他们还从公园设计了延伸性的绿地，直接从公园延伸到社区的地带，这些绿地又延伸到每一个庭院的家庭里面，整个绿地是延续的状态，从很公共的绿地空间到私有的绿地空间形态，让人们能够有直接到园子里面去。

2.2 重视独特资源保护，发展城市社区

埃森有一个城市发展规划竞赛，此处最早是空地，没有任何城市景象。但是开发商提出来他们想要保护资源并且再利用资源，因此在中间做了一个前后堵死的“人工运河”。由于当地下雨比较多，绿色屋顶可以收集雨水，形成过滤循环，作为城市中间的水景观，促进社区发展。除了生态功能的要素，这条“运河”还提供了很好的当地居民娱乐场所。

2.3 在城市社区中体验园林

植入小型的花园是一种很好的城市建设方式，这种花园不仅可以在小范围之内对自然有更直接的接触，更是一种展现自己生活态度的方式。

2.4 利用景观设计将基础设施融入城市社区

把灰色基础设施变为绿色基础设施也是很好的社区改善方式。慕尼黑这个项目，在当地社区做了很多的问卷调查，了解居民需求。那边是很拥挤的地带，人们很希望有更多的户外活动空间。

但是这条主干道是灰色基础设施，切断了两边邻里的交流。所以最后主干道被压低变成隧道，做成相当于绿色屋顶的状态，灰色基础设施变成绿色。中间绿地把街两侧的邻里很好地连接在一起。

2.5 景观设计在城市社区改造中的应用

德国海德堡的一个废旧的火车站，原本是工地的状态。设计师利用景观，开始搭建绿地居住区，并变成绿地状态且成为和周边绿地很好的过渡带。

2.6 古典景观设计在城市社区中的应用

慕尼黑纽芬堡的一个项目，在中间的几何状态是西方古典园林植物设计方式。社区周边拥有悠久历史文化城堡，设计师利用景观植入的方式给场地留下一些历史记忆。他们的考虑更多的是侧重于使用者的需求，在设计阶段要采访很多当地的居民，看他们的需求。不同时间段有着不同的需求，同一块场地自由度、弹性、灵活度是很强的。

2.7 城市社区中的多功能转化

比如说，浴缸通常对我们来讲就是泡澡、洗澡的地方，但是不同的人对浴缸使用的理解也不太一样。同一个物体，人们的视角不同，利用的方式不同，功能和效果都不太一样。从景观上来讲，这个下凹式的绿地，可以作为生态池，下雨时具有沉淀雨水做净化的功能，但是大部分时间是不下雨的，而在干旱的时候，在社区里面有这么一块绿地是很舒适的生活方式。

3 住宅景观细部

在做社区景观营造的时候，自然因素中需要注意到的是地理位置以及当地气候条件的差异性，比如地球南方区

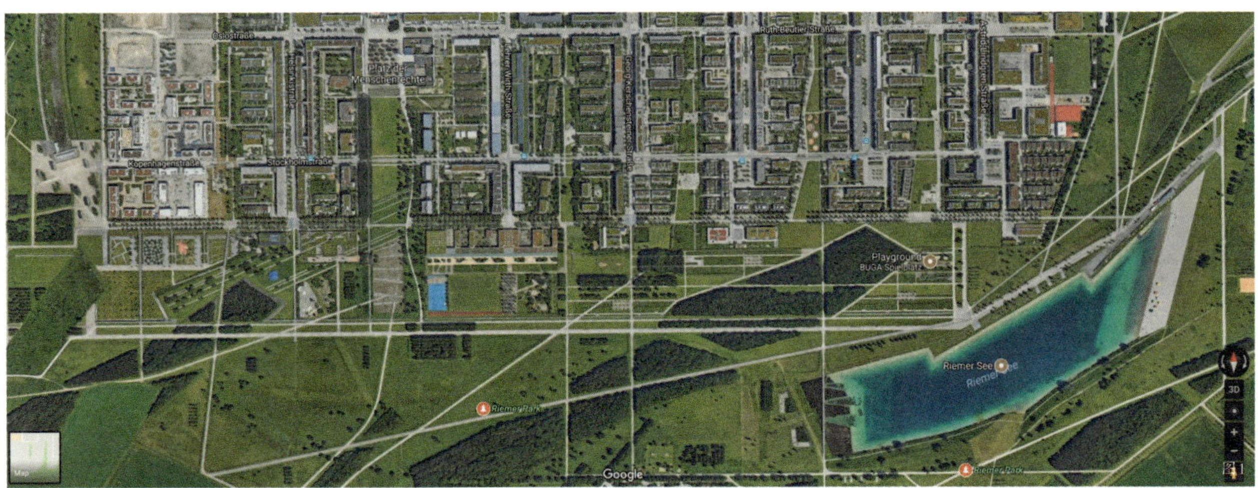

图1 德国慕尼黑机场旧址
图2 地球北方（德国）
图3 中国水乡景观
图4 开放式社区空间

域和地球北方区域（图2）有很大差异，北方喜欢开放性比较好的地方，阳光可以直接照在上面，但是南方喜欢遮阴效果比较好，有很多的树的地方。

社区里面可以加入一些适用于不同人群的人工性景观。绿地系统也是一个很重要的要素，或者说增添社区的绿量，因为人对绿色生活环境的向往。社区景观自然元素，比如水的元素在不同的文化背景下营造状态也不太一样，例如德国就很喜欢几何式干净的、棱角分明的水体，但是中国比较喜欢自然水体的状态（图3）。社区里面的一些景观小品也可以反映到社区风格，一些文化因素也要考虑进来。社区里面使用者自身的文化背景也非常重要，我们需要了解他们的文化背景，并且营造适当的景观场合。

用在天津的一个项目举例，场地中原本就有成熟的树，因此他们决定尊重已有的景观元素将树保留了下来。天津的植被生长相对有点困难，保留原本的元素也是对场地的一种尊重。

项目中是通过建筑来区分每一个园区的，从中也可以了解一下各个园区的景观差异，保留原有景观的元素使其改善得更好。最后他们把净水系统植入到小区里，有生态功能还为当地社区提供很多具有娱乐性的功能场所（图4）。

项目在完成之后，以前污染的区域，在清理之后有小孩子开始嬉戏玩耍，这是学习水资源很好的方式。另一个慕尼黑的案例，道路两侧社区，把公共区域在每一个小的社区里面割舍出来。他们提出的改善方案，就是让每一个社区留出一部分空间给到共享的社区，因此在这个社区里面，不同社区的孩子们，可以在同一个区域交流玩耍。如果没有改造的话，两个社区孩子是不太可能到一起玩耍的，但是改造完之后拉近了邻里关系，让他有更多的交流空间，分享空间。

从绿化城市到公园城市
——从国际视野看中国特色花园城市发展动态

FROM GREENING CITIES TO PARK CITIES: LOOKING AT THE DEVELOPMENT DYNAMIC OF GARDEN CITY WITH CHINESE CHARACTERISTICS FROM AN INTERNATIONAL PERSPECTIVE

摘要：在城市生态化建设越来越受重视的世界趋势下，用以改善城市人居环境、满足市民日常游憩活动的绿地系统面临着更高的规划统筹与发展需求。本文概要回顾了国际上绿色城市规划建设理论的发展历程及构成要点，分析了中国特色的绿化城市与园林城市营造特点，论述了国际视野中花园城市与公园城市的发展理念相关性及公园城市空间形态的基本要素。

Abstract: Under the world trend of increasing urban ecological construction, the green space system used to improve the urban living environment and meet the daily recreational activities of citizens is facing higher planning and development needs. This paper briefly reviews the development process and key points of international green city planning and construction theories, and analyzes the characteristics of green cities and garden cities with Chinese characteristics. It discusses the relevance of the development concepts of garden cities and park cities from the international perspective as well as the basic elements of park city spatial form.

关键词：城市建设、花园城市、绿化城市、公园城市、中国特色

Key words: Urban construction, Garden city, Greening city, Park city, Chinese characteristics

李 敏

LI MIN

中国风景园林学会理事，广东园林学会常务理事兼副秘书长，华南农业大学风景园林与城乡规划一级学科带头人、校热带园林研究中心主任，广州市建设科技委副主任，香港大学荣誉教授，重庆大学兼职教授，博士生导师。

公园城市

在城市生态化建设越来越受重视的世界趋势下，用以改善城市人居环境、满足市民日常游憩活动的绿地系统面临着更高的规划统筹与发展需求。在“人与自然和谐统一”的理想人居环境理念倡导下，公园城市在城市空间形态规划工作中已成为一个具有重要意义的研究课题。

2018年2月11日，习近平总书记在成都天府新区视察时指出：天府新区作为“一带一路”建设的重要节点，在规划建设时要突出公园城市特点，利用其自然条件优势发挥生态价值。这既是对未来城市走绿色发展之路提出的新要求，也是为我国城市建设深入落实生态优先规划理念明确了新的目标。

1 绿色城市规划建设理论发展历程

城市绿化建设与城市发展密不可分，以各类城市绿地为代表的绿色开敞空间，不仅有助于维持城市生态平衡，还发挥着重要的城市生活作用。绿色城市，作为一种具体的城市发展空间形态和建设模式，追溯其规划思想和实践的演变历程，对于我们理解公园城市的发展理念大有裨益。

1843年，世界上第一个城市公园在英国诞生。1898年，英国的社会活动家霍华德先生提出了“田园城市”规划理念并指导相关机构付诸实践。20世纪人类经历了两次世界大战，此后的大规模城市重建使得“绿色城市”规划建设理论得以普遍发展。在20世纪60年代到90年代期间，有关“田园城市”的规划建设理念进一步发展为“绿色城市”和“花园城市”，其中比较典型的是以新加坡为代表的现代花园城市建设。在中国，1992年后也出现了园林城市、山水城市、森林城市等一些新的城市发展形态，并且已有不少得以实现（图1）。

在世界各国绿色城市发展的时间轴和空间轴上，有几个重要节点需要关注。1878年，美国规划设计了一个波士顿公园系统，不仅为城市绿地系统规划开创了一个新的思路，同时也为今天进行的公园城市建设奠定了很好的理论基础。随后，霍华德提出的田园城市理念以及在英国做的几个田园城市实践，对现代城市规划理论的发展做出了重大贡献。霍华德理论的追随者格里芬，于1912年提出方案，将澳大利亚的新首都堪培拉规划设计成了一个理想的田园城市。之后，通过美国社区改良运动，再到一战二战以后城市的重建，以及新加坡花园城市建设，整个世界绿色城市的运动有了蓬勃的发展。在中国，1990年代后陆续出现了钱学森先生提出的山水城市理念，原建设部开展的国家园林城市和原国家生态园林城市评选、原国家林

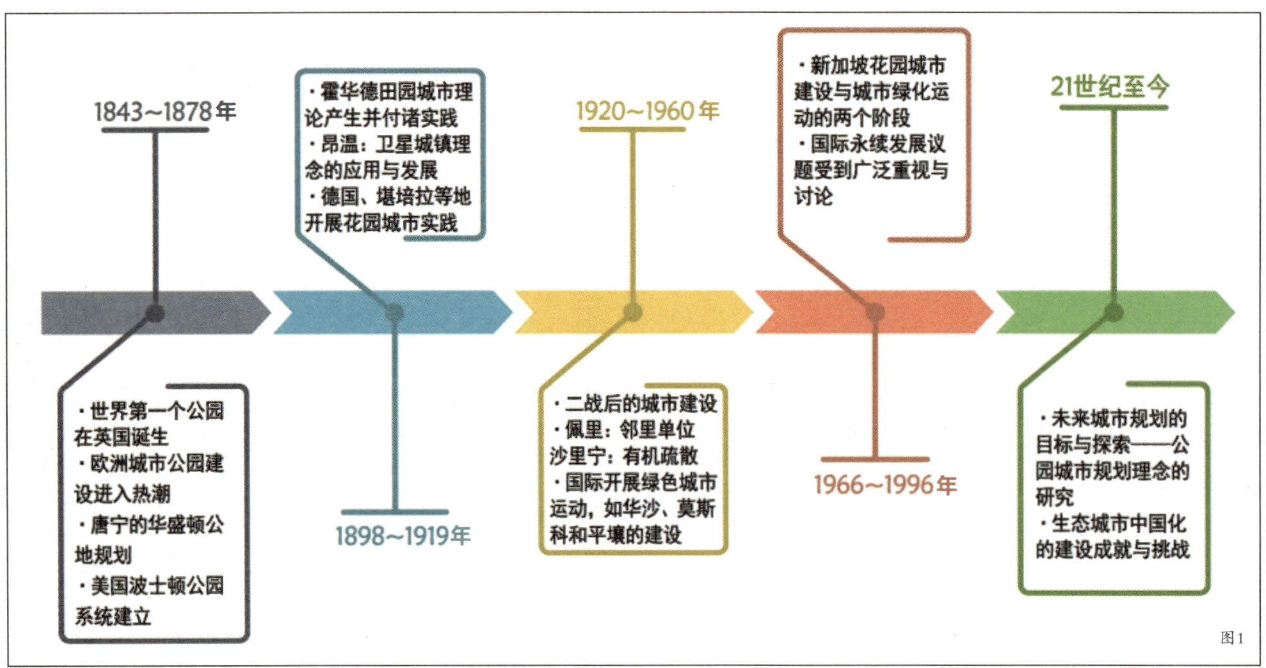

图1 绿色城市规划理念发展脉络

业局开展的森林城市评选等，一直延续到2018年习近平总书记在成都天府新区明确提出的“公园城市”规划建设理念。所以，公园城市规划思想是世界绿色城市规划建设理论和实践符合逻辑的延伸。

总体来看，国际上绿色城市建设思想是从1970年代以后逐渐发展形成并且受到重视的。1992年6月在巴西首都里约热内卢召开的联合国环境与发展大会，是这场“绿色革命”的重要事件。大会通过的《21世纪议程》，阐明了人类在环境保护与社会经济发展之间应做出的明智抉择和行动方案，反映了有关环境与发展领域全球合作的共识和最高级别的政治承诺。

1990年，加拿大出版了《绿色城市》(Green Cities)一书，汇集世界各国20多位专家从不同角度对“绿色城市”的研究成果，探讨城市空间的生态化途径。专家们认为，绿色城市需要具备下列要素：

1）绿色城市是生物材料与文化资源和谐相连的凝聚体，生机勃勃，自养自立，生态平衡。

2）绿色城市在自然界里具有完全的生存能力，能量的输出与输入平衡甚至更好些：输出的能量产生剩余价值。

3）绿色城市保护自然资源，它依据最小需求原则来消除或减少废物。对于不可避免产生的废弃物，则将其循环再生利用。

4）绿色城市拥有广阔的自然空间——花园、公园、农场、河流或小溪、海岸线、郊野等，以及和人类同居共存的其他物种，如鸟类、鱼类和动物。

5）绿色城市以维护人类健康为首要任务，鼓励人类在自然环境中生活、工作、运动、娱乐以及摄取有机的、新鲜的、非化学的和不过分烹制的食物。

6）绿色城市中的各种组成要素(人、自然、物质产品、技术等)，要按照美学原理加以规划布局，给人提供优美的、有韵律感的聚居地。各种人造景观的设计，要基于想象力、创造性以及人与自然的关系来考虑。

7）绿色城市要提供全面的文化发展，剧院、水上运动场、海滩、公共音乐厅、友谊花园、科学和历史博物馆、公共广场等，将为人与人之间的相互交流提供机会，即：爱情、友谊、慈善、合作与快乐。换言之，绿色城市应是个充满欢乐与进步的地方。

8）绿色城市是城市与人类社区科学规划的最终成果。它对于现存庞大、丑陋、病态、腐败以及糟蹋性开发的城市中心是个挑战，它提供面向未来文明进程的人类生存新空间。

1990年代后期，一些学者在绿色城市思想基础上提出了“生态城市”。到21世纪初叶，“生态城市”已经被世界各国公认为是21世纪城市建设的终极目标。历史上曾经出现过的各种绿色城市规划理想，最终都回归到城市产业与环境的生态化建设上来了。

建设生态城市，不仅适应了人类长远的生存发展需要，使城市居民得到了更高层次的生活环境，过上更高质量的生活。而且，它可以通过对城市系统结构及功能的重新安排，通过科技进步和体制创新，结构调整及重组优化，使城市环境对产业的承载力得到“起死回生”，从而增强城市的综合竞争力。

图2 花城广州的公园绿地与城市空间耦合

图3 新加坡机场路绿化景观

2 中国特色的绿化城市和园林城市

中国改革开放40年来，党中央、国务院和各级地方政府高度重视城市绿化建设，努力营造绿色城市。1992年，国务院颁布了《城市绿化条例》，将全国的城市园林绿化工作纳入法治轨道。同年，原国家建设部启动创建园林城市工作，首批入选的城市为北京、合肥、珠海。此后，国家有关部委又陆续推出了一系列与绿色城市建设指标相关的城市荣誉称号，例如：

国家园林城市，原国家建设部设立，1992年起每2年评选一次；

国家环境保护模范城市，原国家环境保护总局设立，1997年起每年评选一次，5年有效；

全国绿化模范城市，全国绿化委员会设立，2003年起每2年评选一次；

国家森林城市，全国绿化委员会和原国家林业局设立，2004年起每年评选一次。

这些城市荣誉称号，均以城市建成区绿地率、建成区绿化覆盖率和人均公园绿地面积等为主要评价指标。

到2017年底，全国已经有352个城市分20批次获得“国家园林城市”的称号，291个县城分9批次获得“国家园林县城”称号，66个城镇分6批次被评为“国家园林城镇”，11个城市被评为“国家生态园林城市”，164个城市被评为“国家森林城市”。其中，352个国家园林城市已占全国设市城市总数的60%以上。通过创建活动，大大提高了我国城市的生态环境质量和景观水平，丰富了市民的游憩生活空间。由此可见，从形式上看我国大多数城市已经实现了园林化。

然而，我国现有以绿化建设为主导的“园林化城市”是不是就等同于国际上的“花园城市”？这个问题其实还是值得讨论的。就评价指标而言，中国的园林城市建设基本上局限在绿化领域，附带考核一些必要的市政基础设施水平。2010年，住建部颁布实施了国标《城市园林绿化评价标准》(GB/T 50563-2010)，明确了园林城市和生态园林城市的评选要求。但是，该评价标准中没有提及“花园城市”的概念，说明我国的园林城市建设主要还是为了提高城市绿化水平。

从国际比较的角度来看，我国现行的“园林城市”和“生态园林城市”等荣誉称号，与国际花园城市运动所认可的“Garden City（花园城市）”建设目标还不太一致，二者尚不能简单地画等号对应。确切点讲，目前

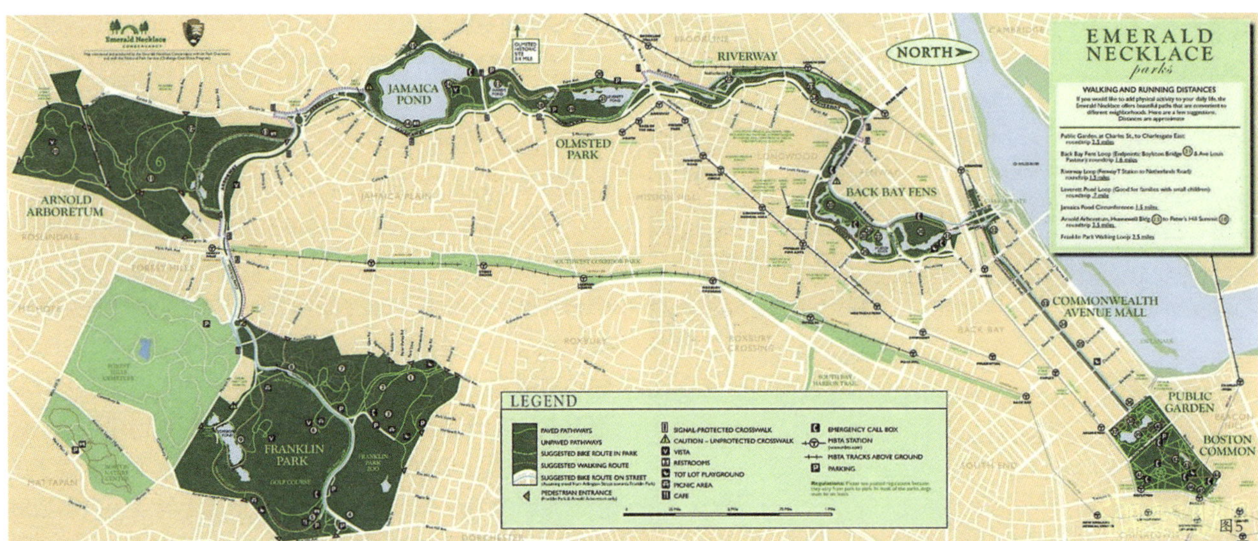

图4 新加坡“空中花园”皮克林宾乐雅酒店景观
图5 美国波士顿公园系统规划方案

中国特色的“园林城市”还处于“绿化城市”的发展阶段，尤其体现在现状评价的指标体系上基本是以绿化建设为主，对景观美感和艺术、文化关注较少。所以，我们需要进一步努力，尽快做到与国际接轨，实现从“绿化城市”向“花园城市”的跨越（图2）。

3 国际视野的花园城市和公园城市

1898年，英国社会活动家霍华德提出了“田园城市”理论，认为应该建设一种兼有城市和乡村优点的理想城市，“把积极的城市生活的一切优点同乡村的美丽和一切福利结合在一起”。1919年，英国“田园城市和城市规划协会”经与霍华德商议后明确提出：“田园城市”是为健康、生活以及产业而设计的城市，其规模能足以提供丰富的社会生活，但不应超过一定程度；城市的四周要有永久性农业地带围绕，土地归公众所有，由一委员会受托掌管。近百年来，虽然现实的各种矛盾使得“田园城市”的理想未能全部实现，但它对于现代城市规划理论的形成和发展却起到十分深远的影响。

在亚洲，真正意义上的“花园城市”建设始于新加坡，现已成为全球现代花园城市建设的典范。1960~1990

图6 新加坡的花园街区立体绿化

年，新加坡成功进行了“花园城市”建设；进入21世纪后，又提出了建设“花园中的城市”（From Garden City to the City in a Garden)这一概念（图3、图4）。

公园城市的规划理念，萌芽于140年前奥姆斯特德所做的美国波士顿城市公园系统规划，目的是为城市居民提供景观优美、生态安全、设施齐备、使用方便的公共游憩绿地空间。其基本形态表现为公园绿地与城市街区的完美融合衔接。公园城市发展理念的基本定义是具有完善公共游憩绿地体系和良好生态景观环境质量的花园化城市。以往在城市绿地系统规划建设中，主要关注对城市绿量、绿地用途及规模做出指标限定，较少关注城市绿地及自然空间的社会化、公共化服务水平。发展公园城市，将有效改变这一局面。

1878年，奥姆斯特德提出了著名的美国波士顿公园系统规划方案——绿宝石项链，规划内容包括9个互相连接的城市自然景观空间，包括公园、广场、植物园、森林公园、湿地等，从波士顿公地绵延到富兰克林公园约16km。这是世界上最早的城市公园体系规划，开拓了公园化城市建设的营造实践（图5）。

经过半个多世纪的建设，新加坡已基本提升到“公园城市”的空间面貌。新加坡的建设经验表明：公园绿地的资源保护、科学规划、系统连接及合理利用，是实现“城在园中”发展目标的技术保障。新加坡创造了目前世界上最为完整且适用于热带地区高密度城市的公园体系，根据公园面积大小和主要服务功能的不同，分为区域公园、居住新镇公园、邻里公园、公园串联网络（公园连接道）四级公园绿地，相互之间既有区分又有密切联系。

从比较语言学的角度观察，“公园城市”基本概念的国际语境就是“Garden City”（花园城市）。在与汉语最为接近的外国语日文中，就有“公園都市”一词，其英文释义即为“Garden City”。在日文期刊论文网上以“公園都市”作为关键词进行主题检索，发现最早的有关论文是1960年的《造访新罗马公园城市EUR地区》。通过对文献进一步研究发现，日本学者对公园城市的研究不仅限于理论，在实践上也取得了较好的成果。

公园城市的基本面貌应该具备两大基本要素：公园体系和花园街区。所谓“花园街区”，就是城市街区的绿地率和绿视率较高，生态环境优美，处处鸟语花香，充满绿色情趣，洋溢幸福康乐。它既是霍华德“田园城市”规划学说所追求的理想境界，也是现代城市生态化建设可持续发展的目标。

从技术层面看，花园街区的建设关键是将街道绿地、住区绿地和企事业单位庭院绿地尽可能提升景观和共享，实现城市绿地公园化。具体而言，就是提倡将大量现有封闭式管理的居住小区及单位附属绿地打开围墙，按街区进行共建、共管、共享，让市民能就近使用公共游憩绿地空间。此举不仅能有效填补一些现状公园绿地服务盲区，也能改善街区的环境质量和公共服务水平，创造生态安居的绿色街区，实现“抬头见绿，出门入园”的景观面貌，使城市街区与公园绿地有机融合。这就是我们希望达到的公园城市形态特征（图6）。

“后传统村落时代”的乡村保护机制与发展策略思考

THINKING OF VILLAGE PROTECTION MECHANISM AND DEVELOPMENT STRATEGY IN POST-TRADITIONAL VILLAGE ERA

摘要：2012～2019年，国家评定了5批共6823个国家级传统村落。从实效来看部分获评国家级传统村落对保护与发展的认识存在误区，一种是重评轻建，另一种是注重经济效益，脱离自身特色的跟风模仿。获评国家传统村落不是终点，而是更高要求的发展起点，可以将这一新的发展阶段称之为“后传统村落”时代。

Abstract: From 2012 to 2019, Chinese government assessed 6,823 state-level traditional villages in five batches. From the perspective of actual effect, some of the traditional villages that have been evaluated as national level have mistaken understanding of protection and development. One is to attach importance to evaluation and neglect construction. The other is to pay attention to economic benefits and follow suit without their own characteristics. The evaluation of national traditional villages is not the end, but the starting point of development with higher requirements. This new development stage can be called post-traditional village era.

关键词：传统村落保护机制、乡村振兴战略、后村落时代

Key words: Traditional village protection mechanism, Rural vitalization strategy, Post-tradition village era

任震

REN ZHEN

山东建筑大学建筑城规学院副院长，教授，国家一级注册建筑师，注册规划师。中国风景园林学会教育工作委员会常务委员、山东土木建筑学会建筑教育专委会副主任委员兼秘书长、济南风景园林学会副理事长。

山东日照凤凰措村

随着城镇化快速发展，近10年有近90万个村落消失，从2000年的360万个至今只剩不到200万个。基于这样的危机，国家和地方政府积极开展各级传统村落的评定和保护工作。2012～2019年，评定了5批共6823个国家级传统村落。

1 国家级传统村落保护与发展存在误区

从实效来看部分获评国家级传统村落对保护与发展的认识存在误区，一种是重评轻建，评选上之后受到身份制约，缺乏灵活、有效指导，导致僵化的管理。同时因为村落人口外流，空心化现象，传统工匠技艺失传，以及材料难以获取等原因，村庄原有建筑形态就失去了改良和保护更新的条件，成为濒危型建筑。海草房是山东省沿海地区典型民居建筑，用海草建成，不腐烂且保温性好，被确定为省非物质文化遗产。但由于近海养殖开展，使得海草没有繁殖区域，同时屋顶施工建筑技艺辛苦、繁杂，没有年轻人接班，所以海草房越来越衰落（图1）。

还有一种情况是注重经济效益，大搞开发建设，脱离自身特色的跟风模仿、盲目开展各类经营活动，超出生态承载力，带来对环境的破坏和风貌的雷同。山东省枣庄市的村庄，因靠近江苏，到南方学习回来的就是码头墙，白墙，油菜花，虽然美观但是和当地的传统风貌是不符合的（图2）。

这些现象住建部也有所察觉，2017年，住建部下发了关于开展部分地区传统村落调查的通知。针对发展和保护后退或开发过度的国家级传统村落展开调查。

山东省传统村落保护发展现状大概分为单一保护型、偏重发展型、兼顾平衡型3种类型。单一保护型：由于缺乏专业指导以及缺少产业活力，此类村落大部分保护现状较差，发展缓慢，部分村落出现将古村整体搁置的状况。偏重发展型：有较好的发展意识，部分由于缺乏正确指导，开发方式简单粗暴，最终发展效果不佳，同时也对特色风貌与生态环境造成了破坏。兼顾平衡型：实现保护发展协同进行。由于所处地市对传统村落保护重视且有一定的科学规划，同时积极谋求发展，针对传统村落采取的措施较有成效。

2 基于乡村振兴战略的传统村落保护机制与发展策略分析

获评国家传统村落不是终点，而是更高要求的发展起点，可以将这一新的发展阶段称为“后传统村落时代”。如何解决进入“后传统村落时代”的传统村落保护与发展平衡问题，在“乡村振兴”新时代战略背景下提出保护发展策略，贴合当今传统村落保护发展实际，实现传统村落活态保护，应成为下一步工作的重点。

依据《国家乡村振兴战略规划》中提出的分类推进乡村发展的策略，以人是否在传统村落内生产居住作为分类标准，将传统村落发展模式分为搬迁撤并类和特色保护类两类。

2.1 拆迁撤并类传统村落

搬迁撤并类传统村落由于村落所处位置交通不便，经济落后、人居环境不佳，已不适合村民生活。20世纪末的新农村建设过程中已将村民迁至古村落附近的新村中，古村落已成为一个空壳。这种情况的传统村落不适合为了保护历史、延续村落记忆等原因而强行将村民回迁，而应积极恢复传统村落风貌，加强古村新村之间的联系，进行合理保护利用。

山东日照凤凰措村（图3），针对未来吸引人群特点，采取了建设乡村艺术区的方式作为首要产业，通过创意艺术园区吸引高质量人才在此聚集，对村落进行改造。设计上以“新乡土”的设计方式，没有单纯对现有风貌复制重建，而是在利用历史要素的同时增加现代的设计语言，在创新下传承。设计过程中设计师采取了“回家设计”的方式，设计师驻村进行现场服务，使得设计能够具有适应性和灵活性。在设计过程中同时注重地域特征的保护，村内大树、坑塘等生态要素基本保留，并且广泛采用当地乡土植物，是一个对整体聚落、景观、建筑乃至室内的一体化设计。随着艺术园区的发展和扩大，村内后续建设咖啡馆、酒吧、美术馆、博物馆等。前期发展稳定后再逐步引入都市农业、儿童游乐等活动，扩大使用人群类型。

2.2 特色保护类传统村落

另一类是特色保护类传统村落，这类村落整体风貌较好，地理位置、地形地貌等较佳，村民依旧在此生活，没有空心化现象。此类村落不适合进行整体开发旅游，需提出一个自我造血的保护发展策略。重点进行村落产业结构升级，既合理利用自身资源优势，又推动经济发展，提高村民集体收入，从而创造自主延续村落历史风貌和传统文化的条件，又为村民塑造宜人的人居环境，实现城乡一体发展的目标。

山东省淄博市的一个传统村落，当地空气质量好，新老融合度高，整体民居保留了原有乡村的风俗民俗，包括传统的祭祀、文化代表性建筑。由于交通方便，村民可以白天进城打工，此外村子里有传统手工业。第一产业、第三产业协同发展，村落具有活力。在建筑保护上，重点是对风貌好的建筑保护，对原有的建筑进行舒适度的改造。

云南省红河州阿者科村（图4）曾经非常贫困，开发时在村落保护上注重协调当地经济，采用“低端”保护方式改善建筑风貌及室内环境，恢复特色红米种植，使得“非遗”哈尼梯田重获新生。在发展上积极发展民宿、咖啡馆、博物馆等产业，积极宣传推介，将高端生活方式与传统特色有机融合，成为新一代“网红”旅游点。结合红米种植发展特色农业、相关文创产业、村内民宿、餐馆等一系列业态，皆聘请当地青、中年劳动力工作，旅游收入按照一定比例每年发放，积极为村民进行创收，提升村民经济水平。同时重视下一代的发展，引入志愿者教师，积极发展教育和乡村文化发掘。

3 结论与不足

搬迁撤并类传统村落应整体作为资源进行开发，各级政府应做好高水平开发引进管理工作，对村内的物质文化遗存及非物质文化遗存分别提出保护方式。因搬迁撤并类传统村落以多种业态开发为主，所以可以适当地对建筑采取改造提升工作。在发展上以第三产业为主，第一、第二产业是第三产业的辅助。在第三产业的打造上应以延长在

图1

图2

图3

村内时间、增加经济收入为主要目的，需要满足参观体验、食住行等多方面要求，在突出传统村落特点的同时可适当地发展高端产业。完善村内的人居环境各项内容，提升居住环境，打造特色民宿，梳理内外交通，完善配套设施，打造特色景观。同时搬迁撤并类传统村落需要加强古村与新村之间的关系，在风貌、交通上都应有一定的联系，古村为新村内的原住民提供一系列工作机会，恢复在古村内进行的民俗活动。

特色保护类村落的保护发展主要工作者为村民。以原住民为主体实现主动参与，充分发挥其主观能动性，在保护上以格局肌理和街巷风貌保护修复为主，采取微更新的方式杜绝大拆大建，改善居住条件。在发展上应以第一产业的升级为主，相应发展第三产业，在村内第三产业发展的过程中应注意不过于打扰原住民的正常生活，做好区域性旅游规划，划分开放区与半开放区。在活动设置上除凸显村落特征、活用历史遗产的活动之外，以相对“接地气”的活动为主，可积极发展观光农业、体验农业等。将改善人居环境作为村落工作的重点，改善村民居住环境以及完善内外交通、基础设施、公共服务设施等。特色保护类传统村落的保护与发展的受众群众主要为原住民，其次为游客。

图4

图1 海草房

图2 脱离自身特色的跟风模仿

图3 山东日照凤凰措村

图4 云南省红河州阿者科村

风景园林与优美生态环境

LANDSCAPE ARCHITECTURE AND GRACEFUL ECOLOGICAL ENVIRONMENT

摘要： 风景园林是处理人与人类活动环境之间关系的学科。在新时期的发展条件下，风景园林的使命与责任是为人类生活提供资源完好、生态优良、景观优美、特色显著、功能稳定、品质优越的“优美生态空间”。

Abstract: Landscape is a subject that deal with relationship between people and their living environment. In the new time development, the mission and duty of landscape architecture is to provide good resource, good ecology, beautiful landscape, outstanding feature, stable functions and excellent quality living space to people.

关键词： 风景园林、生态环境、美好生活

Key words: Landscape architecture, Ecological environment, Beautiful life

张晓鸣

ZHANG XIAOMING

江苏省住建厅风景园林处原调研员、太湖风景名胜区管理委员会办公室主任、住建部风景园林专家委员会成员、中国风景园林学会专家委员会委员、全国城镇风景园林标准化技术委员会委员、中国公园协会专家委员会专家、江苏省土木建筑学会第十届理事。

大江风貌，城市山林

1 风景园林是研究人类生活境域的学科

1.1 关于风景园林

1.1.1 “风景园林”是国家一级学科

“风景园林”是一个以规划、设计、保护、建设和管理户外自然和人工境域为研究对象，处理人与人类活动环境之间关系的学科。风景园林是跨社会学科与自然学科的国家一级学科。

1.1.2 风景园林的本质

风景园林的本质是人类文明发展到一定的阶段，在对自然、资源、环境与文化有所研究与认知积累的基础上，满足人们对美好生活及优美生态环境的追求。

1.1.3 风景园林的内涵

风景园林的内涵是综合利用科学、技术、艺术手段保护和营造美好的生存环境；是城镇发展走向生态文明、彰显特色风貌、提高城市空间品质、优化人居环境的重要载体。

1.2 风景名胜区与园林绿化

1.2.1 风景园林名胜区

风景名胜区是国家自然与文化遗产精华资源相对集中的审美空间，具有遗产地性质。

1）风景名胜资源的价值来源于人对景观的审美认知。

2）风景名胜承载了人们精神追求的理想境域，具有一定的文化属性。

1.2.2 园林绿化是城市唯一有生命的重要基础设施

1）园林绿化是建立在生态学原理基础上的以植物材料为基础的艺术营造，是城市唯一有生命的重要基础设施（图1）。

2）城市园林绿化的生态性、文化性与艺术性，确定了园林绿地空间与这个城市的格局、城市要素之间的关系。

3）园林绿化的双重属性，自然属性、社会属性。

2 “优美生态环境”的需求是时代发展的追求

2.1 十八大、十九大以来提出的建设发展理念与目标

2.1.1 建设发展的主题词

十八大报告中具有纲领性的主题词有“科学发展”、“生态文明”、“美丽中国”。十九大报告中，又特别提出“自然和谐”，强调了人与自然的和谐。

图1 近30年城市绿地系统研究及生态空间的保护逐步得到重视
图2 风景名胜区是人类遗产精华资源集中区域
图3 营造贴近生活的绿色场所空间

2.1.2 新时期的建设发展需求与目标

中国特色社会主义进入新时代，我国社会主要矛盾已经转化为人民日益增长的美好生活需要和不平衡不充分的发展之间的矛盾。

美好生活的内涵很丰富，优美生态环境不仅是要生态良好，还要满足人们对精神文化的追求，对生活境遇审美的需求、诗意的向往。风景园林恰恰是构建优美生态环境的重要载体，是美好生活的重要基础。

2.2 风景园林学科的使命与时代责任

2.2.1 风景园林的发展前景与时代背景和人类命运息息相关

21世纪，可持续发展已经成为全人类的共识，科学发展、生态文明、自然和谐已经成为中国可持续发展的基本策略，对“优美生态环境”和“美好生活”的追求成为当今社会发展的主题。风景园林学科以协调人与自然的关系为根本使命，以保护资源和营造高品质的空间为基本任务与时代责任。

2.2.2 时代的发展目标与执行环境的复杂性

面对党中央对发展的要求，不少地方缺少发展机遇的敏感性，缺乏把握发展方向的宏观判断力，将一个有机关联的风景园林机构分解四散，给建设发展目标的执行带来困难。

3 风景园林为“美好生活”构建了坚实的基础

3.1 风景园林是人类活动重要的生态空间与审美空间

风景园林区别于其他林地或自然空间的主要特色就是：它是人类认识自然、利用自然和文化需求的产物，是人与自然、资源、环境、文化等要素相关连的空间，是人类生活境域的构成要素，具有自然与社会双重属性，体现了一个历史阶段或地区经济社会发展水平和社会文明程度。

3.2 风景园林事业的发展成就

3.2.1 设立风景名胜区制度，保护遗产资源，完整地传承给子孙后代

风景名胜区是人类自然、文化遗产精华资源集中区域。如今，风景名胜区成为国家名片，具有独特风貌与典型文化的风景名胜区已经成为人们游憩审美的重要空间，以及文化传承的重要载体，也成为“优美生态环境”的典范区（图2）。

3.2.2 园林绿化成为优质人居环境与美好生活的标志

绿地系统规划的研究与编制，以及按照绿地系统规划进行城市园林绿地的营造，成为80年代后城市基础设施建设的重要内容。从此，园林艺术不再是宅院里的景观，而是走向城市公共空间、延伸到街旁巷尾的，满足民众百姓“美好生活需求”的，充满自然意趣的审美、游憩及共享空间（图3）。

3.2.3 人居环境进入品质提升阶段

风景园林的核心价值是处理人与自然和谐的关系。习近平总书记说，人与自然是生命共同体。建设生态文明，是关系人民福祉、关乎民族未来的长远大计。城市发展要顺应自然、尊重规律。城市工作要把创造优良人居环境作为中心目标，把城市建设成为人与人、人与自然和谐共处的美丽家园，这是对风景园林重要性的最好诠释。

4 风景园林承载着人们对美好生活的追求

随着我国社会主要矛盾已经转化为人民日益增长的美好生活需要和不平衡不充分的发展之间的矛盾，民众在满足温饱与生活稳定的基础上，对优美生态环境需求已成为“美好生活需求”这个主要矛盾的重要方面。风景园林承载了人们对美好生活的追求，研究、保护与营造优美的生态平衡的人类活动境域就是风景园林的责任与使命。

4.1 立足条件，认知优势，因地制宜，顺势而为

4.1.1 维护城市自然山水资源

城市的山水格局是城市自然形态的骨架，是对城市形成、发展具有一定影响的山体、水系、林木、耕地等自然地貌，以及城镇在发展过程中所形成的自然景观与人文景观的集合。每个城市都有自己的个性特征与独特魅力，保护与恢复城市生态空间是当前风景园林面对的重要课题。

4.1.2 构筑城市绿色系统格局

风景园林是城镇空间格局的重要构成要素。其中，城市绿地系统是以城市山水格局为自然基底，生态学原理为指导，对城镇户外自然境域、人工境域进行研究、规划设计、建设管理的城市生态自然要素及功能空间。

4.1.3 营造地带性植物特色景观

植物是风景园林中主体要素之一。植物景观是地域性自然特征的要素。保护及运用好乡土优质树种，科学、艺术地进行植物配置，坚持植物多样，保证色彩丰富，彰显区域特色。季相分明的地区，植物景观应当呈现为春季繁花似锦、夏季浓荫蔽日、秋季色彩斑斓、冬季阳光灿烂的景象。

4.1.4 传承地域历史文化精髓

风景园林是地域历史文化传承的重要载体。保护历史文化遗产资源，不仅要抢救、修复那些濒危资源，还要用园林艺术的手法使之得以传承，并结合园林绿化将那些值得传承而形成文化共识的审美元素，在园林绿化的景观中得以延展，通过园林艺术的语言营造景观、引导审美、表现独特的地域文化。

4.1.5 体现进步文明的时代特征

随着人类社会的发展，风景园林在资源利用、建设理念、技术应用、管理模式、社会需求、文化认知、审美共识、统筹协调等方面都受着时代进步与文明程度的影响，应当顺势发展，充分采纳先进技术，应用文明发展的成果，体现时代特征。

4.2 确立主题，彰显特色，追求美好，提升品质

4.2.1 因地制宜研究建设发展定位

在对自身的自然条件、资源与特色的研究基础上，有的放矢，科学建设，艺术呈现，让城市绽放特色，为城市提供美好人居。

图3

4.2.2 确立主题，纲举目张，彰显特色

在充分研究城市地域条件、山水格局、历史文化与自然资源的基础上，为城市风景园林发展进行定位、确立主题。江苏的每一个城市都会为这个城市的园林绿化确立一个发展主题，规划、设计、建设、维护和管理都围绕这个主题开展工作。例如，镇江是一座滨江城市，又多浅丘山林，确立主题为“大江风貌，城市山林”，敞开沿江岸线，让城市与长江对话。

4.2.3 民生和谐为本，绿色福利共享

以人与自然和谐的核心价值为根本，满足民众美好生活的多元化需求，营造高品质的风景园林空间服务于人类，实现绿色福利共享。

4.3 将城市建设的像公园一样

习总书记2018年2月视察成都天府新区时说“天府新区一定要规划好建设好，特别要突出公园城市特点”，还说“一个城市的预期就是整个城市是一个大公园，老百姓走出来就像在自己家里的花园一样”。

习总书记这样介绍厦门：“是一座高颜值的生态花园之城，人与自然和谐共生。”

营造优美生态环境，将城市建设得像公园那样，满足人民群众对美好生活的需求。

4.3.1 公园的特点

公园的特点主要表现在4个方面：生态性、文化性、公共性、时代性。

1）以植物为主的景观空间，具有一定的自然生态效应；

2）景观优美，是表现自然艺术的人工境域，是具有明显地域文化特征的高品质城市空间；

3）民众游赏休憩的场所，审美、科学、健身、娱乐、读书、交流等，具有满足多元化需求的服务功能；

4）公园属于公共区域，生态效益、社会效益服务于民众，且效益稳定，具有共享性。

4.3.2 公园城市的基本特征

1）城市山水格局保护（生态空间）

城市绿地系统是以城市山水格局为自然基底、生态学原理为指导，对城镇户外自然境域、人工境域进行研究、规划设计、建设管理的城市生态自然要素及功能空间。

2）绿地系统效应显著（科学建设）

城市绿地系统是城市优美生态环境的重要载体、城市特色的重要呈现空间，也是城市特征与民众游赏休憩的主要空间。

3）城市绿色福利共享（功能布局）

理想的城市园林绿化应当是：山水格局资源增值，公园绿地布局均好，场所空间服务有效，自然要素效益显著，工作生活环境舒适，景观风貌特色鲜明。

4）园林景观特色鲜明（文化品质）

城镇生长于自然，是人类生存依托自然空间而生成聚集地，存在于自然空间之中。具有地域性自然特征与历史文化的园林绿化景观，也是人们寄托情感的审美对象，体现了生活在这里的人们对自然的认知与审美的共识。

5）追求高品质人居环境（美好生活）

在生产生活中产生的对自然的文化认知与审美共识，往往成为人们对自然崇敬、眷恋与审美的精神需求，随着社会文明的进程，进而升华为对诗意生活的向往与追求。

4.4 明确目标，积极实践，走向理想境界

4.4.1 在风景名胜资源保护与利用中，研究与重视主体资源价值的保值增值与空间的管控。

1）严格保护。保护资源的原真性及审美价值。自然、文化遗产资源的原真性与完整性；其审美价值，在于人们对其相融共生的环境的审美认知与文化共识。

图4 城市弃置地可以修复为具有个性特征的城市特色空间

2）有效利用。逐渐梳理景观空间，完善提供游赏服务的基础设施，抢救修复景物、景观，以及围绕资源保护与游赏环境优化而进行的建设活动，为科研、游赏提供可以观赏且具有审美价值的空间、景物与景观，使风景名胜游赏价值得到最大体现。

3）完整传承。完整传承指风景名胜区自然文化主体资源及游赏空间得到完整保存，并通过利用维护、依法管理，改善景区内居民的生活条件，促进当地经济社会发展，而实现资源保值增值并传给子孙后代。

4.4.2 在园林绿化营造与城市生态空间保护与修复中，研究与重视园林绿地主体功能的有效贡献及效益的稳定、增值

营造“优美生态环境”，培育人与自然和谐的文明共识与文化认知。在具体建设中提倡讲科学、遵规律、讲艺术、显功效，重视设计源头的科学论证、专业把关与正确决策，为人类生活提供高品质的城市生态空间与园林绿化作品，将自然的功效与艺术延伸到生活空间。

4.4.3 研究、传承、探索、创新、追求

风景园林是人类对美好生活追求的产物。研究人类生活环境与人对美好生活的需求，处理好人与自然的关系是风景园林永远的主题。

1）真正理解风景园林，一切围绕人类生活境遇的美好研究发展并贡献

当代风景园林以人对生活品质的要求为基准，研究绿地系统的运行效益及评价方法，研究园林绿地特色与城市风貌的关系，研究绿地功能布局对提高改善人居环境质量、满足人们对美好生活追求的贡献。

2）积极开展城市弃置地生态修复与资源化利用

因历史上采矿塌陷、工业迁移等形成的弃置地，是人类活动形成的地表空间。风景园林面对这样的用地空间，不仅仅是满足生态修复，而是从资源化利用的视角，研究用地空间与人类生活的关系，研究用地空间留存的生产活动印记，研究用地空间的文化信息，研究地表遗存的审美元素，使之得以被资源化利用，成为城市绿地系统的组成部分，成为服务于城市的优美生态空间，成为有故事可以叙述的游憩审美境域。

3）正确理解海绵理念，科学建设海绵绿地

海绵城市涉及城市山水格局、生态安全、基础设施等方方面面，是一个城市建设和管理走向生态文明的系统工程。园林绿地中的海绵建设应当遵循“尊重自然、顺应自然、保护自然”的生态文明理念，坚持“因地制宜”的建设原则，重视“自然渗透、自然积存、自然净化”的海绵功效，采用技术确保园林绿地主体功能增效增值，使绿地生态效应、景观效应显著提升。科学建设，艺术呈现。

4）探索创新、引领示范办园博，记录时代发展轨迹

为了提升园林绿化的科学与艺术发展水平，让园林绿化更有效地服务人居环境改善、服务城市发展，无论中国园林博览会还是省级园博会，都以探索、创新、引领、示范为追求，举办园博会展示发展成就，开展园林科技、艺术的交流。

园博会是紧随时代发展的探索创新园地，每一届园博会建设的博览园与造园艺术作品，都是新理念新技术的实践载体，在新理念的引导下，创作创新、不断进步，形成特色，留下了园林艺术在继承和发展中的时代烙印。

城市生态空间在于风景园林，优美生态环境在于风景园林。风景园林的本质在于满足人们对自然的眷恋、对自然的欣赏、对优美生态环境的向往。风景园林用科学和艺术的手法营造优美的、生态平衡的人类生活境域，让艺术的自然服务于城市空间，呈现人与自然和谐的诗情画意，为走向“美好生活”奠定了坚实的基础。

“生命之河”——触媒吉隆坡成为一个更宜居城市

RIVER OF LIFE: TRANSFORMING KUALA LUMPUR INTO A LIVABLE CITY

摘要：“生命之河”项目位于马来西亚吉隆坡，设计创意由“一滴水”开始，意图把人流引进，河道打开。项目第一阶段“遗产区” 的改造实施，由不同领域的专业人员紧密配合，对清真寺、旧建筑、人行桥、唐人街等5个节点进行了精心设计，打造出市民和游客喜爱的城市空间，让公众可以探索吉隆坡的城市之美。

Abstract: The project "river of life" located in Kuala Lumpur, Malaysia. The design concept starts from a "drop of water". The goal of this project is to appeal more people and open the riverway. First stage of this project is reform, which need close cooperation of different professions. They well-designed areas like Masjid Jamek, old buildings, pedestrian bridge and Chinatown. The transformation of the urban neglected spaces become very popular among the citizens and visitors. Also, can let the public feel the beauty of Kuala Lumpur.

关键词：河道改造、吉隆坡、宜居城市

Key words: Riverway transform, Kuala Lumpur, Livable city

Phuan Ying Zee

新加坡AECOM设计总监，注册景观设计师。参与了马来西亚、新加坡、印度尼西亚以及中国等多个国家地区知名项目的设计，擅长团队协调以及项目实施。从项目设计开始至实施，与不同专业的团队互相配合，用设计的力量为社会、环境以及经济增加价值。

吉隆坡市容

“生命之河”项目，凝聚项目组多年心血。从竞赛到中标，再到景观详细规划设计，以及后期更多与甲方的接触，项目一共耗时3年。项目的完成过程可以给同行带来一些启示。

1 如何做好一个项目

一个好项目没有一个好团队是不可能完成的。AECOM公司最特别的地方，就是聚集了全球资源来发展一个项目。刚好机缘巧合，汇集了包括大中华区、东南亚区等不同地区的专业人员进入这个项目。项目把不同领域的专家结合起来，大家紧密地配合，陪同我从第一天的设计竞赛到最后一天的一期工作结束。从中我们也发现，要做好一个项目，其实不是只有愿景就可以实施， 还需要通过与甲方，以及跟施工单位的配合，一步一个脚印地去慢慢实践完成。

2 “生命之河”项目概述

位于马来西亚吉隆坡的这个项目，设计创意是由“一滴水”开始。我们要了解水的本质，水赋予大地生命，赐予森林生命，城市也因此而生。采矿和水是分不开的，吉隆坡这个城市就是由采矿开始发展起来的（图1）。

我们最终的目标是把人流引进，把河道打开，所以就对开发者可以承受及实施的事情做了判断。在这个过程中，我们做得非常成功，也与业主进行经常性的互动和沟通。全长10.7km的河道，布置了5个区域，并在每一个区域都植入一个节点，并通过4个发展框架进行联系（图2）。同时我们还做了其他地块的设计，比如清真寺是在2017年底完成的， 目前我们还有一个团队在吉隆坡工作，预计会在今年年底完成。

3 遗产区改造设计

遗产区的改造，是“生命之河”项目实施的第一阶段，我有幸参与其中。在场地的3年期间，我们想解决最复杂的环境，希望把河流变成日常生活的一部分，引导其他的节点以及河流通过城市中心，成为一个河流治理的典范。

图1 吉隆坡改造前
图2 连接框架
图3 清真寺区域
图4 大钟楼区域
图5 人行桥

图1

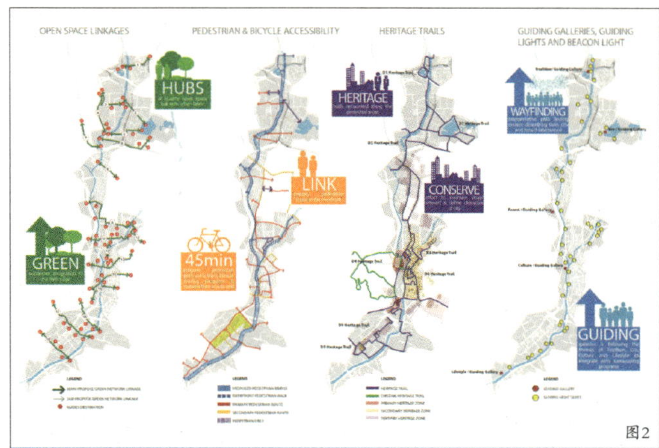

图2

图3

图4

整个区域分成5大块。第一块是清真寺片区；第二块是独立广场片区；第三块是人行桥片区；第四块是延伸出的一个大广场片区，面对很漂亮的清真寺；第五块是从独立广场到遗产区，再往下的唐人街片区。5个地块通过“生命之河”串联到一起。

3.1 清真寺

清真寺外面是一条很繁忙的街道，因为有沿街旧建筑遮挡，导致从外部街道上看不到它的主要入口。在设计中我们拆除部分建筑，打开这个空间，让清真寺的面貌重新为大家所欣赏，形成目前的布局。在清真寺外的大片公共空间，我们把之前破旧建筑做减法，让场地变的开阔，成为欣赏清真寺的景观背景。还有一个特别的设计之处，将雨水过滤池景观化，雨水通过过滤排到河流上。我们设计了一个河道以及一个挡墙，重新把清真寺的主要干道体现出来。之前那些旧建筑在移除之后， 我们布置了一个告示牌，让大家可以重新回味原本的城市格局。

往右边是指引灯柱，比一般建筑高，上面有灯，下面有一个很清晰的告示牌。旅客或者市民来到这边，可以得到明确指引，这也是让项目得奖的一个设计细节。从航拍的广场可以看到一条蓄水池，正中央的入口以及晚上的照明灯，都进行了设计。在清真寺前， 重新梳理打造了一个秘密花园，跟之前完全没有被整理的花园相比，有了更大的生态景观价值（图3）。

3.2 大钟楼

大钟楼，是与独立广场空间息息相关的地方。之前有一条车行道以及停车区域，把河道跟建筑完全分隔开。在我们的设计目标中，要重新打造这条河与建筑之间的联系，并塑造亲水空间。在设计当中，我们还特别地保留了一排老

图5

树，用了很多不同的设计手法，确定它们可以在改造期间以及改造环境中继续存活。再针对这两个主要议题进行了设计，重新把大钟楼这个城市节点打开。防洪墙被我们改造成景观的一部分。在开敞的广场与大钟楼之间的轴线上设计了一条水景。经过重新改造后，很多游客来到这边。并且通过指示牌刻画原本的城市肌理及风貌，让大家了解这块地方改造前后的区别及空间记忆（图4）。

大钟楼附近的一个小角落，我们设计成一个下沉花园，之前是一个停车库，经过了无数次地设计讨论，我们才有幸地可以把它拆除，把这个公共空间归还给整个城市。在其中我们也重新设置了景观，水景等，让下沉花园可以成为非常舒适的城市功能节点。

3.3 人行桥

第三个设计节点是一座人行桥，它的设计对我们来说是一个很大的挑战，因为这座桥朝向穆斯林朝拜的方向，但它的周边又有几棵大树需要保护。通过无数次的讨论，最终才确定设计思路。桥建在环境很非常复杂的地方，我们考虑怎样把它架起来，并跟附近的景观融合在一起。做了很多考察之后，最终落实了设计。如果站在桥上，人们可以看到很美的清真寺，同时他们之间被水景隔着，所以只可远观，不可直达，形成景观上的观赏趣味。

这座桥建成后，独立广场可以直接连接到清真寺和各地的车站，给大家带来很多方便，也给这个城市带来很多美感，因为可以在这里重新观赏整座城市（图5）。

3.4 休闲空间

第四个节点，在项目一期开发之前，从这里我们完全看不到清真寺，也无法体会到周边城市风貌。通过设计，成为了今天的吉隆坡中心，很多人在这里聚集、游憩、会面等。作为景观设计师，感觉到最有成就感的就是设计出来的空间有人利用、有人珍惜。

3.5 唐人街

最后一个节点是唐人街，之前它的环境非常复杂而且使用很不方便。我们设计了一段街道，将游客直接吸引到这里。今天设计出来的成果，是仿制了中国剪纸，记录吉隆坡当地的生活点滴，重新刻画出生活细节再植入这个地方。人们会通过不同的景观节点来寻找吉隆坡历史上的美好回忆，并把它们分成3大类，融入当中，人们可以饶有兴趣地寻找不同的点，来探索吉隆坡的美。

中国最古老的园林——邢台沙丘苑台

CHINESE MOST ANCIENT LANDSCAPE: XINGTAI SHAQIUYUANTAI

摘要： 学术界对园林学教科书中明确的中国最古老的园林是沙丘苑台有着一致的共识，而笔者通过在邢台生活多年的研究，发现沙丘苑台与河北省、与邢台市有着密切的关联。因此形成了邢台沙丘苑台中国最古老的园林的猜想。

Abstract: In academic community has a common consensus to Chinese most ancient landscape is Shaqiuyuantai mentioned in textbook. Through author's years of research, a closed relation among Shaqiuyuantai, Hebei province and Xingtai was founded. Therefore, a guess of Xingtai Shaqiuyuantai is the oldest landscape was born.

关键词： 沙丘苑林、中国古园林、邢台

Key words: Shaqiuyuanlin, China ancient landscape, Xingtai

郑占峰

ZHENG ZHANFENG

中国风景园林学会规划设计分会副理事长，北京林业大学园林学院客座教授，中国城市规划学会风景环境专业委员会学术委员，河北风景园林网首席专家，河北省第三届（邢台）园林博览会总规划师。

苗庭宽

MIAO TINGKUAN

邢台学院历史文化研究中心主任，邢台市非物质文化遗产专家评审委员会委员，市检察官文联主席、市作协副主席，高级法官、高级检察官、历史学者、作家、画家。

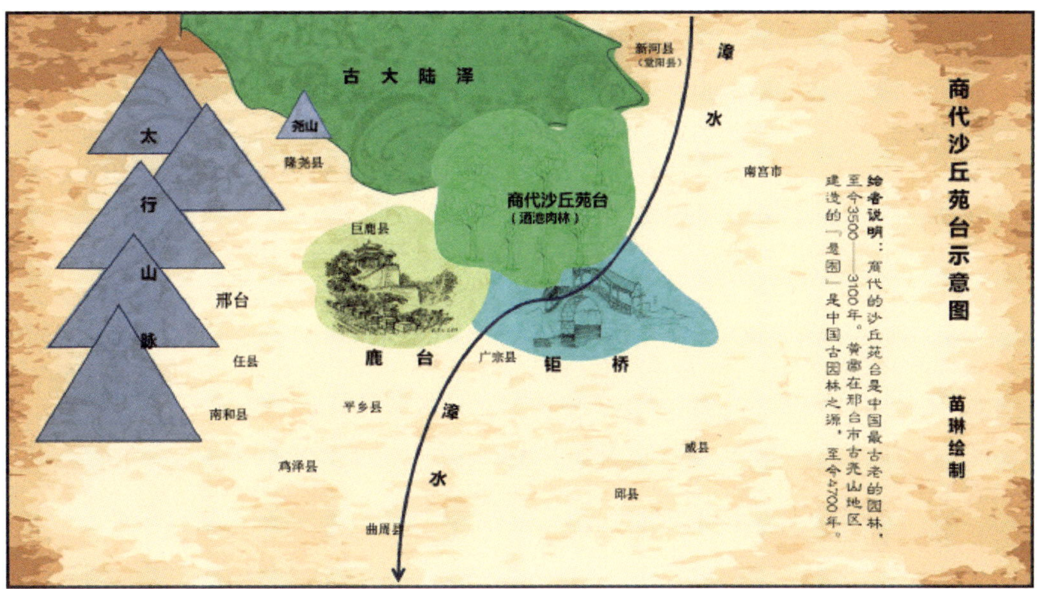

商代沙丘苑台示意图

园林博览盛事能与中国最古老的园林之地邢台在时隔了近3100年之后首次相会，这是大家始料不及且令大家热血澎湃的事情，称得上千载幸事！

长期以来从事园林教学、研究、建设规划设计的学者们、探索者们对园林学教科书中明确的“中国最古老的园林是沙丘苑台”有着一致的共识，但沙丘苑台与河北省有什么关系，与邢台市有什么关系，大家似乎并不曾留意。

随着国家大力推进“园林城市”目标规划的实施，随着近30年来我国园林景观设计、工程建造创新领先世界地位和话语权的回归，学者们包括受益城市的市民们开始注意沙丘苑台这样的“历史”问题。任何事情接触多了、了解多了，自然会产生溯本求源的思维。

笔者在邢台生活多年。随着对邢台人文历史以及地域水文的了解，渐渐地发现，沙丘苑台与河北省、与邢台市有着密切的关联。形成了“邢台沙丘苑台中国最古老的园林”的猜想。

1 关于沙丘苑台的地理位置

沙丘苑台出现于商代，鼎盛成名于商末。文字见于司马迁《史记·殷本记》。

由于经历了周王朝对商朝武装革命和文字革命的梳理，沙丘苑台正面表述的文字已经稀疏，经秦代焚书事件后更是稀少，流传到司马迁时已是珍稀。好在司马氏是史学世家，有足够的藏书史料供他描述沙丘苑台。

1.1《史记》中的沙丘苑台

司马迁《史记》中有一节叫《殷本记》。

殷，自然指殷商。何谓“本纪”呢？先秦学者管子解释“凡立朝廷，问有本纪。”唐朝文臣尹知章解释“所问之事，必有根本纲纪。”简言之，“本纪”是发生在一个朝代内具有重大影响的可资鉴，可考察的历史事实。但要说明，因阶级不同，社会的政治取向不同，同一个历史事件尽管记述的事实是真实的，而褒贬定性时则要受制于作者和当时社会的政治立场。所以说“本纪”也不是一块净土，逃避不了社会环境的政治熏染。

沙丘苑台，有两层含义，一是沙丘，二是苑台。是指建立在沙丘古地上的一个王室园林。研究沙丘苑台的重点就是要明确沙丘在哪儿？何为沙丘？司马迁《史记》中关于沙丘的记载有3段文字。

第一段文字出现在《史记·殷本记》商纣王帝辛的本纪中。文中说：“於（于）是使师涓作新淫声，北里之舞，靡靡之乐。厚赋税以实鹿台之钱，而盈钜（巨）桥之粟。益收狗马奇物，充仞宫室。益广沙丘苑台，多取野兽蜚鸟置其中。慢於（于）鬼神。大冣（聚）乐戏於（于）沙丘，以酒为池，县（悬）肉为林，使男女裸相逐其间，为长夜之饮。”

第二段文字出现在《史记·赵世家第十三》本纪中。赵武灵王在王位的传袭事情上反复无常，引发二王子内斗爆发宫廷政变，赵武灵王成为此次宫廷政变的牺牲品。文中说：“主父（赵武灵王）及王游沙丘，异宫，公子章即以其徒与田不礼作乱，诈以主父令召王……公子章死，公子成、李兑谋曰：‘以章故围主父，即解兵，吾属夷矣。’乃遂围主父……主父欲出不得，又不得食，探爵鷇而食之，三月馀（余）而饿死沙丘宫。”

第三段文字出现在《史记·秦始皇本纪》中。文中说

“七月丙寅，始皇崩於（于）沙丘平台……高乃与公子胡亥、丞相斯阴谋破去始皇所封书赐公子扶苏者，而更诈为丞相斯受始皇遗诏沙丘，立子胡亥为太子。”

1.2 根据《史记》记载对沙丘苑台位置的推测

第一，商纣王帝辛“益广沙丘苑台”时，不但扩建了商王室的苑台，还建造了钱财库鹿台、粮库巨桥。这与邢台古沙丘地即现在的广宗县、平乡县、巨鹿县流传存在的、州县方志中记载的“酒池肉林”之典和鹿台、巨桥之迹相吻合，能够与司马迁《史记》中所描述的情景相佐证。说明商纣王帝辛“益广沙丘苑台”之事发生在邢台市广宗县、平乡县、巨鹿县古地域内。

第二，赵武灵王和秦始皇两起悲剧事件，虽然发生在不同历史时期前后相隔85年，但事件的发生地均在邢台古沙丘地内，并且相距不远。一个是邢台市广宗县大平台村，一个是邢台市平乡县王故村。两个村庄隶属两个县域，相距不足10km，均处在邢台古沙丘中心地域。说明司马迁《史记》中3段文字所涉及的沙丘、沙丘宫、沙丘平台、沙丘苑台等，名称不一但同属一地，即邢台古沙丘地。

第三，从商纣王帝辛奢靡误政于沙丘（苑台），到赵武灵王、秦始皇宫变中丧身沙丘，说明邢台古沙丘在古代影响重大。经由司马迁在政治上高度渲染后，后世人特别是当权者对“沙丘”事讳莫如深，躲避不及。一个让世人连“沙丘”之名都不愿提及的地方，很少再有叫“沙丘”之地者。邢台古地自然就独占了“沙丘”这个千古之名。

2 关于沙丘名字的由来

对于“丘”字，现代人解释“土高曰丘”；或曰“四方高，中央下为丘。”总之“丘”字特指地形地貌。这种文义的解释，源于春秋之后。在之前“丘”通“区”，“丘”是地域的含义，代表“荒凉的乡里”，如“丘里”、“丘落”、“丘园”等，具有行政区划的概念。

商朝时发明了井田制。规定一井九百亩，八百亩为私田，一百亩为公田，八家养公田百亩。周朝时把井田制作为分封制的经济基础推行到鼎盛，《周礼》规定：“乃经土地而井牧其田野，九夫为井，四井为邑，四邑为丘，四丘为甸，四甸为县，四县为都，以任地事而令贡赋，凡税敛之事。乃分地域而辨其守，施其职而平其政。”

由此得知，丘是邑的上属。一丘有四邑，一邑有四井。丘的行政区划所涵盖的土地面积有多大呢？《前汉·法志》说“丘，十六井也。”据此计算，一井九百亩，十六个井就是一万四千四百亩的地域面积。可见丘是个“施其职而平其政”的行政区划单位。相当于现在的乡级政权。春秋时期井田制瓦解，战国时井田制被封建土地制所代替。丘，由此失去了原来的意义。古时候丘地的边界流行植树修建沟壑一示界别，废除丘的行政功能后，树、壑无人维修，丘地日益荒芜变成了废墟，久之就成了“土高曰丘”的形象。

邢台古地的沙丘源于黄河北流。数万年之前黄河东下太行，入海北上，有了华北平原最早的雏形，产生了太行山东麓著名的湖泊大陆泽。公元前2100年商的先祖契因帮助大禹治水有功，被舜帝赐予子姓，封地商丘。其子昭明念大陆泽水草丰美，物贸殷实，带领族人离开商丘封地北上泜水（临城县一带），其后人长期居住井方之地（邢台），经营大陆泽地区，因此邢台古地就成为先商之源。

大陆泽南岸有一处水去为沙的逦迤之地，空气湿润，植被茂密，生长着大量的动植物，是古人类狩猎的天然食仓，曾经养育了商王朝几代先人。汤建立商王朝后，在沙丘建造庙宇，祭祀先祖，留下了桑林祷雨的故事。公元前1438年商第13位王祖乙迁邢在沙丘地建造商都。此后沙丘一带就成为商王朝王室的御苑之地，建立了由商王室直接管理的等同于王室邑地商丘一级的行政区划，名曰沙丘，专属王室狩猎之用。

3 关于中国古园林的源头

现代园林学作为一门独立的学科是由美国哈佛大学于1901年设立风景建筑学系正式走入人们的视界，47年后国际风景建筑师联合会宣告成立，现代园林学由此成为一门相对成熟的学科。1952年清华大学成立“造园学组”始创我国现代园林专业教学体系，“造园学组”后成为北京林业大学园林学院。

园林学主要包括园林历史、园林艺术，园林植物、园林工程、园林建筑等分支学科。从园林产生的源头上讲，世界园林分中国、西亚和希腊3大系统；从园林建造的理念上讲，分中国园林和西方园林。在中国园林中，又分北方园林（皇家园林）、江南园林和岭南园林3种类型。

万物有源。西方学者们为了教学上的需要把公元前16世纪的古埃及确定为世界上最早的园林之源，根据是古埃及墓画中描绘的祭司大臣的一座宅园。宅园上出现方直水系，有规则种植的情景，故认为是古代园林的雏形。该墓画形成的年代为公元前16世纪。

中国园林文化源远流长，中国是世界园林之母。明朝造园大师计成著作的《园冶》一书，被中外园林学人奉为世界最高水平的园林专著。

园林一词，最早出现在西晋朝文人的诗句中，至今1700年。由西晋朝上溯，依次找到汉代的园、秦代的苑、战国时期的台、周文王时期的灵囿，商纣王帝辛时期的沙丘苑台，直至传说中中国古园林的源头黄帝时期的囿。

《山海经》中解释：黄帝的“囿”是一种悬囿。悬为高耸陡峭之义。辟悬作“圃”，说明黄帝的悬圃是建造在悬崖峭障上的一种专门饲养动物担心动物逃生的苑所。

公元前2700年黄帝大战蚩尤，九战九败，最后退居到古邢台尧山脚下，建造了军事重镇干言城。黄帝在此屯兵备战，制造兵器，习练“奇门遁甲”兵法。3年后用80面大鼓指挥军队决战蚩尤，杀蚩尤于中冀。关于黄帝的80面战鼓，《帝王世纪》中有记载；“黄帝杀夔，以其皮为鼓，声闻五百。”夔为何物呢？后人认为夔是一种爬行动物，是一种巨型的鳄鱼。传说中黄帝建造悬圃的原因，是为了饲养大型动物用于制造兵器。

且不管黄帝在悬圃中饲养了什么，黄帝的悬圃起码在构造上具备了有规则的围挡、种植、水系、地域规模等，时间上比古埃及墓画中描绘的时间公元前16世纪还早出11个世纪。

4 关于商王帝辛扩建沙丘苑台的社会背景

公元前1075年30岁的帝辛（纣王）继任王位，成为商朝最后一个国君。

商王辛天资聪明，力大无比，他上任后平叛边敌，打击商朝西部地区日益强盛不安分守己的周氏部落，改革王朝建制，弱化巫神贵族权力，解放奴隶，促进国家中兴。由于他的强力改革和武力镇抚边疆政策，得罪了外敌周（周文王）族和商朝内部的贵族。大约在他执政10年的时候，他开始计划把国家的政治经济中心转移到商朝北疆富裕之地的井方（邢台），在井方建立邢国特别行政区，任命邢国侯为三公之一，从政治上经济上提升井方在商王朝的社会地位。这是中国历史上第一次建立邢国，第一次出现邢国之名。商朝灭亡后邢国除国，存世20余年。

商纣王帝辛建立的邢国不同于之后周朝的分封，他是把邢国作为一个政治、文化、经济的特区来设立的。一方面他想摆脱商王朝贵族反对派对他的政治制约，离开殷商之都以建立邢国之名另辟一个政治中心；另一方面邢国之地的井方土地肥沃，农业生产先进，手工业酿造业发达，物贸丰富，是建立经济特区的一个上好之地；再一方面邢国地处北疆，与北部诸方国接壤，人、物流通密切，外交、商贸便利，建立邢国特区利于强化对北部方国政治、军事、文化、经济的制约和控制，稳定北疆，促进商王朝北部地区的繁荣强大。

作为商纣王帝辛强大北疆政策的一部分，一直存在于邢国之地的“沙丘苑台”这个商王室固有的王室御园，自然要纳入到建立邢国政治经济特区战略大规划中统一考虑规划。从这个意义上讲，商纣王帝辛“益广沙丘苑台”扩大其规模，不是出于私利，而是从国家政治经济中心转移的总体规划的需要考量的。

后人对商纣王帝辛的咒骂和诋毁，缘于商周两朝的私仇与政治对立。《帝王世纪》中记载，文王周昌被商纣王帝辛拘禁后，长子伯邑考到商都求情，被商纣王帝辛处死做成肉酱，逼周昌忍痛吃掉，方获释放。

《逸周书·世俘》中记载：周朝推翻商王朝后，周武王命人将已经自焚烧焦的商纣王帝辛的人头砍下祭祀他的父亲和长兄。周武王还将商纣王帝辛身边100名近臣40名商姓族长砍掉手脚或直接剥光衣服投入沸水翻滚的大鼎中，祭祀他的周姓先祖。肉体上的摧残报复尚且如此，政治上的污名化更是必不可少。

5 关于沙丘苑台的布局

沙丘苑台规模多大功能如何？司马迁在其《史记》平台上用批判的文字作了描述。

一是“沙丘苑台”面积广大。广大的程度容得下“野兽蜚鸟”。“逐走兽，射蜚鸟”，一个能容众多奇珍异兽展翅飞翔的地方，尽可知它的辽阔、广大。

二是“沙丘苑台”是一个多样文化并存的园林。《史记》中用“慢于鬼神”批判商纣王帝辛。在“敬畏鬼神”的大商习俗文化中，“沙丘苑台”内竟然允许“慢于鬼神”不受“鬼神”习俗文化约束的多种文化的存在，说明“沙丘苑台”的文化特色品种丰富。

三是“沙丘苑台”场面宏大设置齐全。一方面它能“大聚乐戏”容纳百人千人同时游戏宴乐；另一方面它有“以酒为池，悬肉为林”的独特场景；再一方面它能“长夜之饮”，说明3100年前的“沙丘苑台”，能够解决特大型露天夜宴的照明问题。

四是“沙丘苑台”有着庞大的管理团队和严密的管理体制。一方面是苑区的警卫和苑区动物的饲养管理；另一方面是动物和人的食物的储存和保障；其三方面食物、包括酒酿的制造和运输；其四方面苑区内的食宿、宴饮等后勤服务保障等。

撇开政治道德的评价，就“沙丘苑台”的管理体制，超出了我们的想象。说明3100年前邢台的“沙丘苑台”无论在建造规模、设计水平、功能保障、体系化管理、驾驭能力诸方面达到了相当高的层级。

由上所述，从中会发现两个问题。一个是沙丘苑台中“酒池肉林”的酒从哪里来，另一个是沙丘苑台中“酒池肉林”的肉从哪里来。因为“沙丘苑台”社交活动所消耗物资的量，超出了我们的想象力和承受力。这两个看似是沙丘苑台的物质保障问题，实际上牵涉到“沙丘苑台”的整体布局、整体设计和整体管理问题。第一它规模恢宏，第二它设施齐备，第三它拥有的物种繁多，第四它场面艳丽。虽然不能与唐朝的“禁园”、宋朝的皇园、清朝的圆明园比肩，但“沙丘苑台”在当时的商朝时代已经是翘楚之作，具备了皇家园林的派头。

用景观打造文化地标和城市名片

USE LANDSCAPE TO BULID LANDMARK AND CITY CARD

摘要：每一座城市都有自己的特色，建筑和格局可能会被超越，但是景观中百年树木却可以被永久保留，成为城市的特征。景观师可以给城市创造更多有价值的、有质量的空间，可以在有限的空间里面打造独一无二有标志性的空间，这就是景观师在城市景观空间里面可以做出的贡献。

Abstract: Every city have its own feature, architecture and structure can be surpass but hundred years old trees from landscape can be permanent retained even become a characteristic of a city. Landscape architects can create more valuable and better space for cities, can construct unique landmark space in limited space. That's the contribution of landscape architects can make in urban landscape space.

关键词：城市景观设计、波士顿面包圈花园、加拿大多伦多公园

Key words: Urban landscape design, Boston donut garden, Canada Toronto park

张易文

ZHANG YIWEN

玛莎·舒瓦茨及合伙人事务所董事总监。在英国及中国都有着丰富的从业经验。在英国期间取得了谢菲尔德大学景观硕士的学位。参与并主持了英国、欧洲、中东及亚洲等其他地区不同类型的城市设计项目。

法国巴黎自由民主广场

1 景观师的责任和价值

至今全世界总人口已经突破了75亿，其中已经有50%的人口成为了城市人口，城市化进程是不可逆的过程。在这个过程中，景观师可以做什么？景观师创造的环境不仅仅是自然环境，也不仅仅单纯的在有限的城市空间里去创造模拟自然的空间，究竟应该怎么样做才能给城市带来价值？

当人们涌入城市以后，在这个城市生活的幸福与否，叫做生活质量，生活状态。在像上海、纽约、伦敦这样的大城市生活的时候，其实并不是很快乐，城市的压抑感、高密度感让人觉得没有可以呼吸的空间。人类有一种亲近自然的倾向性，在这种特性的驱动下，我选择了景观师作为我的职业，也希望所有的景观师都可以给城市创造更多有价值的、有质量的空间。通过景观师的努力，可以使每一座城市变得更宜居。

选择是双向的，居民在选择城市，城市也在选择居民。所有大城市都有人才引进计划，很多领导都会提出希望引进高新技术人才、高科技人才，因为越是受过高等教育的人，带来的价值、带来的增长是无限的，21世纪是人才经济的世纪，每个城市都想争夺更好的居民，更好的人口来源。受过高等教育的人会选择什么样的地方居住？人们一定会选择更美的城市，这种美不单单是从建筑或者格局规模决定的，往往在很大程度上是由城市景观决定的，花草树木、公园流水才是第一印象。所以以作为一个景观师的责任和作用就在于此，去打造更漂亮的城市、更美的城市。

2 MSP事务所在景观中的探索

全球都在城市化，在全球化的同时意味着同质化。回看100年前的城市，北京是北京，伦敦是伦敦，东京是东京，每个地方都有自己的特色。而今天的超级大都市，特别是中东地区，每个城市都是类似的，没有特色。而具有竞争力的城市一定是有特质化的，有自己的独一无二性。这种特质可以通过建一座世界第一高楼来实现，但是世界第一高楼永远有被超越的一天，在技术发展的同时这些永远会被超越，而景观中的百年树木，却是可以被保留下来的，可以成为这个城市永远的特征。

MSP事务所的创始人玛莎·舒瓦茨女士是风景园林学科里面非常著名的世界级大师，她至今仍在哈佛大学执教。在20世纪，她就提出了用人工化手法，用艺术化手法创造城市景观，艺术和自然相结合打造新型空间。MSP

图1 大地艺术作品

事务所在全球40多个国家创造过非常多的有地标意义的项目，同时也获得了非常多殊荣。玛莎·舒瓦茨女士个人的学术生涯跟MSP事务所设计哲学都是受到大地艺术的感染，大地艺术在20世纪60、70年代非常流行（图1）。她当时看到这些大地艺术的作品感到非常震撼，也受到很多影响，她认为这些艺术家能够在广袤的土地上，用一些很廉价、很容易达到的手段跟材料去实现表达他们的艺术想法，为什么在城市高密度的空间里面不能做同样的事情。带着这个思考，她申请了哈佛大学景观的硕士课程。通过学习，她发现当时在主流的景观业界内没有人接受她的想法，大家不想用人造的材料营造自然的环境，创造一个公园。

3 经典案例分析

3.1 波士顿面包圈花园

面包圈花园是玛莎·舒瓦茨女士非常有代表性的作品。当时主流的景观学界不认同她，她得不到工作机会，就在自己家门口做了一个花园，用放在鱼缸里的彩色玻璃石作为基底，在上面铺满了面包圈（图2）。她认为景观材料不一定要用石材，花岗岩，一些随手可得的面包、棒棒糖都可以作为景观的一部分。这个实验性的项目很快得到了业界有名的杂志的关注，这本杂志是当时在美国学术领域学科里面最有影响力的杂志。杂志的编辑当时采访了她，拍摄了花园照片进行发表，文章发表以后就在整个学术界产生了很大的舆论，很多传统景观设计师接受不了这样的设计逻辑、设计想法，很多人开始给杂志写投诉信，最后导致采访她的编辑直接被辞退。

3.2 加拿大多伦多公园

约克维尔公园是玛莎·舒瓦茨在加拿大做得非常有名的项目，这个公园周围环抱的是加拿大的商业街。在街道环抱的长方形空间中，设计师将其切分成一个一个的口袋公园，每个口袋公园都向加拿大致敬，包括瀑布景观等。每个小园子独立的语言都是在做致敬或者复刻，每一个口袋公园都呈现不同的状态，同时整个空间也鼓励更多的人自由使用。

做完口袋公园以后，政府再次委托事务所改造街区边上的另外一个三角公园（图3）。设计师从加拿大的自然风光获得灵感，最终做了一个巨大的装置，结构很简单，装置下面是不锈钢的载体、支撑结构，内部有一个完善的自动灌溉系统，在上面种植了一片雪松林。在理论上这些雪松不需要人工养护，自然灌溉系统就可以进行日常的养

图2 面包圈花园
图3 加拿大多伦多三角公园
图4 都柏林大运河广场
图5 北七家科技商务区

护。同时不锈钢是非常好的与人进行互动的材料，让人和景之间发生有趣的对话。

3.3 都柏林大运河广场

都柏林大运河广场是在2010年左右完成的项目，大运河剧院中央红色白色相间的地块就是设计场地，该场地位于城市中心，是城市复兴计划。欧美国家发展与国内不一样，已经是逆城市化发展，有钱人大多搬到郊区，所以政府需要做一些事情，把城市复兴起来，让人聚焦到城市中心。当时政府没有很大的资金投入来建设整个片区，所以他们决定先投资建设这个广场以及广场背后的公共文化建筑。因为背后是文化建筑，所以设计师的设计理念是创造一条永久的红地毯，希望其镶嵌在里面，不需要每次铺临时性的设施。同时广场上有标志性的景观灯柱，也有小的互动设置在里面，人们可以通过手机来控制灯光开启和频率（图4）。这个项目建成以后，该片区就成为很多大的欧洲开发商投资的热土，所有高科技的办公产业都集中在这里。这个广场也受到本地人欢迎，在这里开展各种艺术活动。

3.4 北七家科技商务区

北七家科技商务区是高科技产业园，业态比较复杂，整个中央绿地串联起整个场地的活动，不同的使用人群要共享这个中央绿地，同时中央绿地起到了海绵设计里面最重要的给水空间（图5）。

建成以后的中央绿地呈带状，右边是办公楼，左边是居民楼。同时为了配合科技产业，整个景观元素相对比较有现代感，结合灯光设计、高差、立面上的处理都是非常细致周到的。设计师甚至考虑到在水系里面做了很多装饰性的种植槽，因为在北京要求是冬天要把水全部排空，设计师希望在冬天这也是独立的景观。整个景观的氛围材质更软，色彩更丰富，符合老年人或者孩子活动空间的要求。

在项目的设计上，设计师充分考虑了海绵城市设计理念。同时这个场地里标志性的构筑物都是用激光雕刻的不锈钢完成的，结合了非常漂亮的灯光设计。

4 用景观打造城市名片

用景观打造城市名片，每一座城市都有自己的特色。作为景观师，某种程度上可能达不到复原100年前的北京、巴黎，但是可以在有限的空间里面打造独一无二有标志性的空间，这就是景观师在城市景观空间里面可以做出的贡献。

未来人居景观思考
THINKING OF FUTURE HUMAN LANDSCAPE

摘要：从人居景观的概念阐释出发，探讨了当前人居景观的现状与困境、并对人居景观的未来进行了展望，最后提出了自己的呼吁和倡导。

Abstract: Start from the concept of human settlement, author writes about current situation and dilemma of human settlement, expected future of human settlement, and his advocation and appeal.

关键词：人居景观、地产景观、景观设计
Key words: Human settlement, Real estate landscape, Landscape design

余艳峰
YU YANFENG
阳光城集团股份有限公司（总部）景观总监。从事景观行业 18 年，风景园林硕士，在居住区景观设计与实践方面有着丰富的经验，倡导“去工业化，本原设计”的景观设计理念。

形式美景观

广义上人居环境是自然环境、人居景观和社会环境的总和，狭义的人居环境就是人居景观，良性的人居景观就是未来科技加健康加可持续性，加一些情感的体验。我们的焦虑是世界很大，但是城市很拥挤，向往自由却急于拼命，忽略身心健康，同时发现“时间都去哪儿了”，科技使人进步也使人焦虑，精神文明文化的追求迷失了自我。

人居景观的核心是“以人为本”，主要分为4点。第一，人本主义，从需求出发，满足个人活动要求。第二，美好情感体验，愉悦身心，形成良好的社会氛围。第三，环境友好，生态平衡，互有助益。第四，永续发展，小社会、大环境，正向反馈，良性循环，环境友好、永续发展。

从房产角度分析人居景观的发展，从1980年开始国家采取商品化的分房制度以来，到1998年取消实物分房，改用货币化分房制度，再到2018年提出绿色健康智能社区理念。未来的发展趋势是智能社区（图1）。对人居景观的改善让人们感受到了生活品质的提高，人居环境慢慢受到重视，但是受环境制约和社会生产力的发展水平限制，我们对人居景观还处在探索和发展阶段。

1 当前人居景观的现状与困境

1.1 当下景观的不可持续性、低环保、低生态依然存在

无序化的城市发展、资源过度开发、资源浪费等现象依然存在（图2）。

1.2 当下景观的设计状态依然严峻

尤其是在地产景观，只重视形式，不注重功能。我们所设计的与人们真正需要的相背离。盲目的追求形式美，添加华彩的外衣，忽视了更重要的功能需求。居住区常常看到大水景、仪式感轴线、形象门楼。地产高周转，盲目标准化。近些年来，最常听到的就是“标准化”，标准化对景观产品的品质是致命的。我们对客户的需求，缺乏系统的研究，只是一味地在追求速度。

1.3 当下景观设计缺乏历史传承和文化印记

粗俗的模仿复制、简单的舶来（图3）。人们似乎意

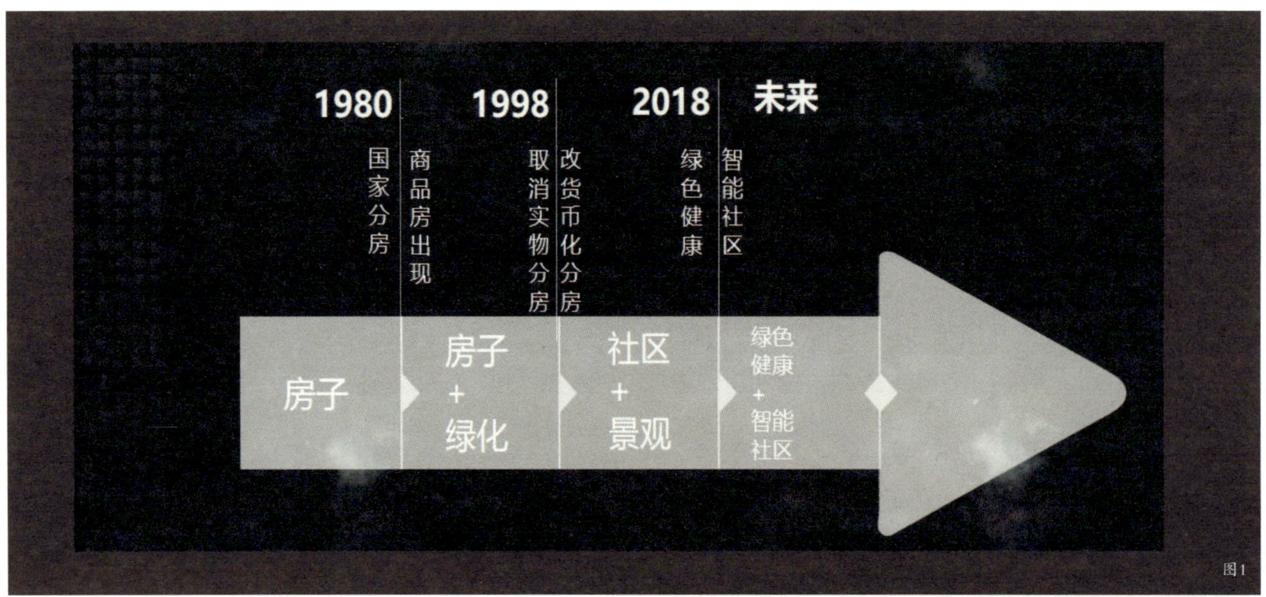

图1

识到历史和文化对景观设计的重要性，但缺乏认真研究和了解，所以出现了一些哭笑不得的作品。

1.4 当下景观风格乱象

在十几二十年前，最早出现法式、新亚洲、新中式、中式、地中海、新古典、现代的风格，反映出信息时代伴随设计爆炸式的发展，出现了百花齐放的景象，行业里也盛行着两年一流行，三年一换代，最早是西班牙风格，后来是法式风格，再后来是新中式，现在是现代风，从另一个侧面反映出行业的浮躁。

2 未来人居景观的展望

2.1 “以人为本”理念将贯穿景观发展始终

我们真正需要的是一个重功能、重需求、多参与、高体验、强互动、“以人为本”的景观。地产也慢慢开始研究关于全龄儿童游乐（图4）、健身场地、城市会客厅、四点半学堂、妈咪厨房、健康跑道等一些真正满足人们需求的景观产品。

2.2 景观的生态、可持续发展将成为永恒的主题

生态环保理念包括新材料、新技术的应用。在欧洲，随着社会经济发展与社会文化意识的进步，景观设计对于生态学的考虑已超过功能性与艺术性的追求。

2.3 历史与文化的融入将成为景观设计的灵魂

人们已不在满足于简单的物质需求，而渴望满

图2

图3

图4

足更多的精神需要。随着生活水平的提高，人们的精神需求也越来越高，随之而来是人们的欣赏水平也越来越高，普通的形式主义景观已满足不了人们的需求。近些年来，传统园林慢慢回归，也正说明了这一点。

2.4 科技信息技术的发展将对景观产生重要深远的影响

信息化时代，人们对事物的了解变得越来越容易，信息传播速度越来越快，人们的审美和鉴赏水平也越来越高。新材料、新技术的更替也将越来越快。对景观工作者的要求也越来越高，特别是学习能力、创新能力、审美能力和实践能力。

2.5 现代简洁自然的景观是未来发展的趋势

事物发展总是从简单到复杂多元再回归到简单，景观的发展也是从最早的简单自然到多元，再到简洁自然的过程。现代简洁自然的景观让人轻松自然，心情愉悦，且拥有强烈的安全感。

3 呼吁和倡导

3.1 反对过度装饰性的景观

所谓装饰性景观就是过度工业化景观（图5）。无任何的亲和力、使人压抑、没有安全感、容易疲劳，同时造成大量的资源浪费。

3.2 倡导民宿景观的“素”美理念

“素”美的民宿景观只指在满足功能的前提下，没有过多的装饰，尽量取材于自然，没有过多的干扰，仅极小改造的景观。我们常见的民宿景观打造手法，大部分材料是源于自然，对自然改造的破坏力最小。

3.3 提倡工匠精神

工匠是一种技能，是不断实践的过程，从而达到相应技能的体现。日本著名的景观大师小林治人，当然还有其他的景观大师，80多岁依然到现场指导。实践在景观过程中意义非常重大，特别是自然园林的打造，叠石、种树、塑造地形，无一不是通过现场实践完成的。通过对传统园林的了解发现，没有实践不可能创造出如此精彩的中国园林，江南的私家园林就是典型。

图1 地产发展时间轴
图2 洪涝灾害
图3 简单舶来景观
图4 全龄儿童游乐设施
图5 过度工业化景观

图5

城市语境下的生活美学

ORIENTAL LIFE AESTHETICS OF THE WORLD

摘要： 青岛世茂璀璨天樾项目表达的是青岛人在其独特文化背景下的生活情怀，从城市维度、生活维度和实践维度3方面出发，在青岛世界性的背景中构建独属于它的生活美学。同时，强调城市文化与自然情感的融入，创建出自然情感通道，并借由真实的场景，来触发视觉、听觉和触觉，以引发人与景观的情感共鸣。

Abstract: SHIMAO CUICANTIANYUE, this project expresses the feelings of Qingdao people living under their unique cultural background. We start from three aspects: urban dimension, life dimension and practice dimension,constructing a unique aesthetic of life in Qingdao's cosmopolitan context. At the same time, we emphasize the integration of urban culture and natural emotions, create a natural emotional channel, and use real scenes to trigger visual, auditory and tactile sensations to trigger emotional resonance between people and the landscape.

关键词： 生活美学、情感触发、BIM技术支持

Key words: Oriental life aesthetics of the world, Emotional triggering, BIM technical support

江雨龙

JIANG YULONG

LAURENT 罗朗景观创始人兼 CEO、雨龙工作室主持设计师、五舍文化旅游董事长、上海同济大学硕士、国际风景园林师联合会 (IFLA)会员。

费县石跌水

1 城市语境

青岛是一个充满人文情怀的城市。著名的文学家、历史文物研究者沈从文先生说："青岛是我一生最喜欢的地方"。

在历史长河的更迭变换中，这片富饶美丽的土地向来备受青睐，曾先后历经德、日、美三代帝国主义统治，在此文化氛围的熏陶之下，整个城市逐步形成了以欧式建筑特别是德国建筑为主的建筑艺术文化景观。从而建立了青岛独特的城市美学体系。

在这个世界性的体系之下，中式古典园林文化的部分却非常稀缺，对于这样的文化遗憾，我们希望能有一个与城市基因匹配的设计来填补城市拼图的空缺。

青岛也是一个充满着自然情志的城市。青岛人对于"山"、"海"、"林"、"泉"有着天然的情感依赖与亲近感。这也是对于本土文化的天然羁绊。

但随着城市的迭代与发展，这种亲近感正逐渐减弱。我们希望借由这个项目，重新建立起人与自然的情感联系。

2 景观是重塑情感的手段

2.1 城市文化与自然情感融入

在青岛"世界性"的城市格局中，总统府象征着规则与仪制，整个城市的行政中心是围绕着它来展开的。它正前方是与建筑等宽的城市广场，6条向心的道路汇聚于广场的中心，而这个中心恰与整个总统府的中心连成一线。既烘托出总督府的中心地位，又强调了整个行政中心的空间进制关系。这种空间进制关系，东西方的园林都有着共性。故而在本案的格局中，我们师法其格局，融入中式园林基因，将东方美学重组于世界性的大背景之下。

2.2 开启情感通道

"看山"、"遇海"、"观澜"、"穿林"是对青岛这个城市自然资源的高度概括，也是青岛人对于自然情感的追逐。

2.2.1 "看山"

当地有一句古语说:"泰山虽然高，不如东海崂。"崂山的余脉延伸在青岛的大地上，为青岛城市之美埋下

伏笔，这样的高山是青岛人内心的骄傲。基于这样的启发，在项目的主入口，采用“山”作为第一景观元素。与以往对于山的含蓄表达方式不同，基于世界性文化背景下，直抒胸臆。景观打破了常规意义的边界感，让面宽22m、高5.5m的假山，成为整个城市界面的形象展示，让内部的景观能与外部假山山形联系在一起。对于塑造山形的原石，设计者并没有选用英德石、太湖石等南方产地的景石。出于对本土文化的情感联系，本案特精选了具有自然风化纹理的费县石来建造。费县石以“粗犷雄奇、质朴庄重、特色鲜明”而著名，历史上被称为琅琊奇石，亦有“北太湖石”之美称，非常适合用来打造入口山形（图1）。

与假山山形相连接的大门，也摒弃了传统的对称规整的设计手法。强调大门与山形的意境联系与虚实结合，最终呈现的是不规则的大门形态，自然地穿插于山林间。这种方式，也是向青岛这座建筑在崂山山脉上的城市致敬。

2.2.2 “遇海”

如果说山是青岛人的骄傲，那么海则是青岛人无法磨灭的烙印。

远眺大海，总是能唤醒人内心的诸多情感。“海上的明月”既是自然场景的表达，又是中国人抒发思乡、怀远的媒介。故景观希望塑造出：人站在入口的“山脉”处，远眺半虚悬于空的明月的某种情感共鸣。

我们通过“剪影”的手法及灯光的辅助来营造诗意场景。“弦月”由前后3排，共约110根造型方钢组成。并通过方钢的高低变化，在“弦月”的内部形成“山形”机理。整个“弦月”底部，也是通过白石子来表达海的意境（图2）。

2.2.3 “观澜”

海，仅仅远眺是不够的。从自然情感上讲，我们都希望与海亲近一些，再亲近一些。但对于一个示范区景观来说，是不可能真的把海搬到这个特定的场所中的。但要开启自然情感的通道，必须借由真实的场景，来触发视觉、听觉和触觉。故景观在这个部分，希望通过借助新技术的支持，创造出真实的、能带动人真实情感的“海浪”。

示范区的内场空间并不大，景观根据动线及视线关系，来确定内场空间的形态及体量。经过多轮推敲，“海浪”的载体——“漩涡水景”最终形态定为长轴7.8m，短轴6.3m的椭圆形水景。周围的绿化空间与道路和水景的形态相互呼应，形成自然流畅的空间机理。围绕“漩涡水景”的铺装采用了深灰色胶粘石，这种略带颗粒感又质朴的材质，与光洁平整的水景及草坪质感，形成鲜明对比。

通常“漩涡水景”与人的亲近度都不够，因为它需要一定的深度，出于安全性的考虑，水景周边都会设置栏杆。但这与我们设计的初衷是违背的。我们是要加深情感的互动，而不是“隔岸相望”。所以我们在“漩涡水景”的外围增加了一层镜面浅水，既加强了安全性，又增加了漩涡水景的层次。

椭圆形的“旋涡水景”在国内是首次建造，这是因为椭圆形的水池形状很难实现旋涡圆润有序的旋转。相比椭圆形而言，圆形的旋涡则更容易实现，它只有一个圆心，水池内部的水都向着这一个圆心点旋转。要让这个水景实现我们预设的效果要求，有几个必要的条件：

1）前期需要与专业水景公司充分沟通效果要求，并通过图纸来完成各专业交圈。罗朗与素水一起，经过多次的沟通，最终确定相关构造的最佳状态。这也是落地效果保证的基本条件。

2）园建的水池结构才是旋涡的容器，容器有问题，旋涡自然也不可能形成。在施工阶段，施工方需要严格控制土建的平整度，以确保把水体厚度的误差减到最小。跌水水面如果高低不平，或者呈现出比较大的误差，那么最终汇入旋涡的水量，就会在跌水标高的低点，形成水量堆积、加重水的“飘移”，从而影响水面的平整度。同时，如果水池不圆滑，又会产生阻力。

3）专业水景单位的设备调试。素水设计设置了可供调节的多种速度组合模式。其中，“基本无旋动”的模式，即便在“旋涡”不开启的时候，水池也能维持相对静止的状态，并有一点微微动态的旋转。

2.2.4 “穿林”

红瓦绿树、碧海蓝天是青岛的印象，于山林中邂逅海浪，是青岛的情怀。示范区的后场空间比较狭小，受空间限制，景观无法营造出层层叠叠的、深远的山林气势。但景观可以将宏观的感受导向细微的体验，我们希望可以营造出在密林中穿行的体验感。借由这种体验感，还原我们在自然环境中穿行的体验。样板房掩映于密林之中，也像极了“八大关”上建筑与植物的关系。海水波涛的语言，我们也希望借由地面铺装的形式继续延续。从前场空间，到后场空间。仿佛是踏浪归来，归于山林掩映的居所。

受到项目成本限制的因素，我们采用柔性的“胶粘石”来作为曲线地面的主要材料，既能有效地减少成本投入，又可以很好地还原曲线的柔和感。同时，“胶粘石”特有的质感，也能最大限度触发人行走在密林当中的自然体验。而决定面层效果的，是无数次的颜色、颗粒及配比对比过程。

3 结语

这个项目之所以能比较好地呈现，除了各专业的整合之外，新技术也是驱动设计创新的原动力。设计在后期阶段，由BIM团队来负责主要构筑物的园建、结构、幕墙、灯光的设计和整合。比较好地解决了结构、幕墙的合理性及各专业的协同问题。同时，在植物的实施过程当中，植物选苗也是精益求精。从宜昌、荆门、邓州、南阳、方城、平顶山、郑州，到徐州、南京、句容、济南、泰安、青州，共4省13市，30余处选苗，直线距离2700km。这种执着的精神，也是为了力求呈现最优的景观效果。

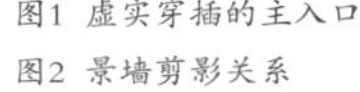
图1 虚实穿插的主入口
图2 景墙剪影关系

图2

公共空间保证城市健康发展

PUBLIC SPACE ENSURE CITY HEALTHY DEVELOPMENT

摘要：城市发展中尊重自然、结合自然，保护公共空间的思想。

Abstract: During city development, we should respect nature, combine nature and protect the thought of public space.

关键词：公共空间、自然环境、城市发展

Key words: Public space，Natural environment，City development

王焱

SANDY WANG

Perkins and Will 建筑设计事务所董事、中国区城市设计总监、美国注册规划师。主要研究公共价值对城市发展和文化生活所产生的影响，在项目实践过程中注重挖掘城市内生力和市民向心力对社区和场所的影响。

上海自然博物馆

2008年开始全球有50%的人进入城市，并且城市人口占比越来越高，但城市只占地球0.6%的表面面积。城市虽然非常小，但城市能源消耗是总消耗的60%~80%，并产生75%的二氧化碳排放。人的栖息方式能够充分发挥种群优势，但同时也会面对很多挑战。人类设置的一些规矩，比如一周5天、一天8个小时的工作模式，实际上也是再创造一种和自然规律有关的生活和工作方式。但是多人居住在一起会产生很多问题，比如污染问题、饮用水卫生问题、火灾问题等等。

1 自然环境是生存的依据和答案

1.1 芝加哥花园城市

20世纪初期，美国的霍华德针对英国资本主义发展过程中出现的一系列问题，提出了花园城市和芝加哥的总体规划。霍华德希望做的是一个开放空间，让人和自然环境有更有效的生存关系，花园城市是一种浪漫主义说法。二战以后，美国也像现在的中国一样进行了巨大的造城运动，做法是郊区化的发展而不是做成百里大城。当时美国的两位规划师进行了严肃的探索和一系列的规划，将其和城市结合在一起。二人合作为芝加哥做了总体规划，以开放空间为骨架，城市依赖于空间而生存。

1.2《设计结合自然》

英国的麦克哈格（McHarg）拥有一本具有里程碑意义的著作，是《设计结合自然》。麦克哈格先生认为设计师应遵循自然，而不是玩弄自然。同时他还提出了一种思维方式，要求设计师把人类活动放在自然环境的生存依据中。他还在20世纪50年代提出了可持续发展的理念和名字。书里讲到了很多自然系统循环过程，包括分析过程。书中同样强调了所有利他主义的方式才能共生共享，一个物种是因为另外一个物种的给予才能生存下来。麦克哈格先生提出的概念给现在的可持续发展做出了很多积淀，是城市发展公共空间的基础。

2 松山湖南岸创意交融之城

东莞松山湖南岸创意交融之城，是华为的数据中心。在设计时，希望供应商、产业链条、活动能够引发出周边的效益。因此将整个区域联络起来，包括整体区域规划，

希望能够带动周边的网络体系和一些住宅、城市的发展。园区的整体规划，一方面把绿地做成隔离带，将每个园区隐身；另一方面，将园区和旅游供应商以及城市发展结合在一起。在滨湖区域做了互动，使得科技工作者、研发员工能够互相交流。在城市发展的过程中城市设计师不得不面对一些很现实的挑战，要使用现有的条件将它们编织起来变成更美好的生活环境。

3 上海自然博物馆

上海自然博物馆位于上海淮海路核心区域，被誉为是上海最“矮”的地标，是市区乃至全国的自然活动地区（图1）。这里原来是上海的老房子、菜市场，现在是中国最大的市民公共活动和展示空间。一位芝加哥建筑师做了一个空间，房子不是太高，并且房子的3/5在地下。通过螺旋形的下沉广场，室内感觉不到下沉空间。在结合了原来场地的同时，文化方面也做了融合，社区活动、社区公共艺术都是和公园结合在一起。整个空间的区域高度基本相同，与绿色空间有机结合。在自然环境和人的生活空间中，开放空间体系非常重要。

4 青岛弘诚体育文化公园

在20世纪30年代，弘诚体育场区域是城市的边缘要塞区，这里曾是全国驰名的“上青天”纺织基地（上海、青岛、天津）之一，中国民族工业的摇篮之一。因此，周边的人文环境非常复杂，有着百年历史的区域、运河、高架桥。这里原本的体育场有些下陷，需要改造。业主想要将场地内的所有元素编制在一起，用运动这个概念将社区现有环境梳理融合，汇

聚成一种有效的生活方式。于是设计团队将体育场下面的空间变成了室内草坪，并将外面的空间和市民活动结合在一起。

5 李家沱健康宜居社区

重庆李家沱（图2）地处长江沿岸，场地在长江周边有很多沟渠，结合场地周边的土地，设计团队将其变成绿廊。此外，场地还规划有学校、健康中心、体检中心、医院等，这些和城市发展结合在一起。同时还将绿地有效利用，组织岸边活动，在江边还规划了公共浴场，和江水有效结合，为居民创造了更实用的生活环境。

自然环境哺育我们已经有几千年的历史，我们的文明是依赖于自然的，所以我们应该遵循自然。

图1 上海自然博物馆
图2 李家沱健康宜居社区

行走城市和风景园林

WALKING CITY AND LANDSCAPE ARCHITECTURE

摘要： 随着技术的快速发展，城市将脱离工业生产转而以智慧生产为核心，整个城市将变成宜人尺度的风景园林。对应线上空间的高速连接，线下空间的连接是慢速的，适合人行，整个城市将变成宜人尺度的行走城市。城市里各种消极的空间被整理出来，变成公共空间、变成公园。建筑围绕着公园，公园在步行所及的地方，不用找公园。城市里各种割裂的道路被整合起来，街道成为基本的公共空间，街道成为风景园林。

Abstract: With the rapid development of technology, the city will turn from industrial production to intelligent production, and the whole city will become a pleasant scale landscape architecture. Corresponding to high-speed connection of online space, offline space is low-speed connected, suitable for pedestrians, and the whole city will become a pleasant scale walking city. All kinds of negative spaces in the city are sorted out and turned into public spaces and parks. Buildings surround the park, next to the park. The separated roads in the city are integrated, the streets become the basic public space, the streets become landscape architecture.

关键词： 行走城市、不用找公园、街道成为风景园林

Key words: Walking city, Next to the park, Streets become landscape architecture

陈凌

CHEN LING

维思平建筑设计创始合伙人，主设计师。1987～1994年在武汉工业大学和巴黎维勒曼建筑学院学习建筑学。1999年加入维思平，2005年当选中国十大新锐建筑师，住房保障和公共住房政策委员会专家，深圳市规划和国土资源委员会专家，全经联实战商学院讲师。

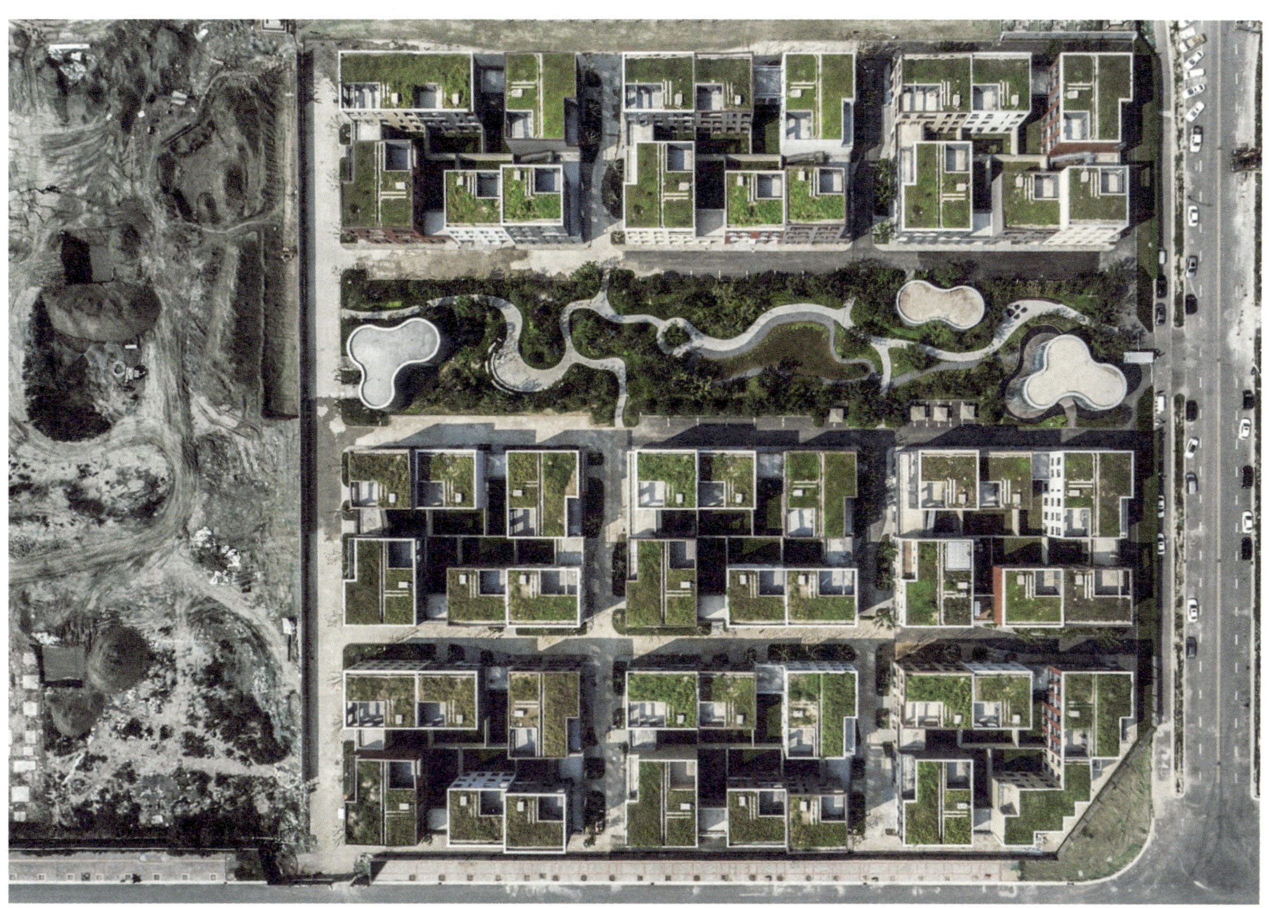

郑州“美立方”科技园

1 行走城市

1.1 行走城市风景园林

今天，通讯、网络、计算、制造等技术迅猛发展，推动人类社会的巨大变革。

继城市从农业生产空间中脱离出来，下一步城市将从工业生产空间中脱离出来。工业生产空间的转移已开始，从发达国家城市转移到发展中国家城市，从一二线城市转移到三四线城市，从城市中心转移到郊区，从城市转移到生产园区。

脱离了工业生产的城市将成为以智慧生产为核心的空间，作为智慧生产主体的“人”的生活空间也重回城市的核心。未来城市是智慧生产、生活活动的混合体。

脱离了生产的工业遗址有些被改造为新的智慧生产、生活空间，这些都成为城市的新风景。有些城市整体更新成了这种新风景，但更多城市没这么幸运，空间上的原因往往是因为先前的工业生产发展太好了，留下的遗址尺度太大了。

随工业生产一起转移的还有大尺度的机械交通、物流、仓储等空间。未来的智慧生产需要的是小尺度空间，人们用一台电脑或一部手机即可进行生产，甚至可利用任何一个联网的电器。生产、生活的时空被打破了，人们告别通勤，步行去日常的场所，如公司会议室、线下商店、托儿所、老年活动室和家等等，这就是“行走城市”。

工业生产空间只有在变成遗址并被更新后对大多数人来说才是风景，而正在进行智慧生产的行走城市，它的建筑、街道、广场公园对大多数人来说本身就是风景，整个行走城市就是风景园林。

1.2 行走城市“不是”风景园林

如果说风景园林是精心打造的艺术品，行走城市更像是令人眼花缭乱的电商平台。风景园林有某个意境、一张蓝图、几条路径、若干角度，行走城市提供的是全面、多样、不确定的体验，集体和个体元素的混合，基础设施的保障服务。

狭义的风景园林存在于行走城市之中，是街道环绕的公园，是深藏在街区里的内院。私家园林非请莫入，但免费开放的公园如果还保留着围墙和大门，公共性就大打折扣，门口竖着的不良行为禁止牌，好像是说那些行为在公园门外是被默许的。行走城市是完全开放的公共空间，没有围墙和大门，需面对各种行为。

风景园林的重点是绿色生态，行走城市的重点是交往与活力，例如没有行道树的街道可做到尺度更小，更适合行走，便于交流，易于维护还方便火灾时的消防救援。

1.3 从行走城市到绿水青山的距离

保护绿水青山的最好方法是远离它，远离绿水青山的最好方法是收缩城市空间，收缩城市空间带来的好处就是提升人气。这种收缩的小尺度城市空间，更符合智慧生产和生活的需求。

城市是集体智慧生产的地方，是国际竞争的战场，大家轻装上阵，需要集约高效的空间。

城市空间收缩，城外绿水青山范围就扩大了。市中心到边界的距离大大缩短：从行走城市到绿水青山仅一步之遥。海绵城市的目标也更容易实现：把水交给城外的绿水青山，大自然本是块海绵。

1.4 线下的行走城市

在拥抱线上美妙生活的同时，我们也希望能一键切换到美好的线下生活。

在行走城市，每幢房子都临街，推开门就是街道，就是公共空间，就是风景园林。

从线上到线下，从虚拟到现实，从宅在家里到刷街，从上网到上街，从行走城市到绿水青山，都只有一步之遥。

1.5 记忆

经历长久时间仍保留的记忆或因为事件的深刻，或因为你有机会重回现场。行走城市提供这种可能：人物变了，房子变了，风景变了，但街道一直还在那儿。

宇航员飞行员受过专业训练才能适应高速运动。开车速度要慢很多，但你眼睛紧盯路况，看不清经过的风景。无人驾驶会更糟，在车里和宅在房间里没什么两样。骑自行车和使用各种滑板也不是一个很好的选择。只有步行体现了人体五官和身体四肢的搭配，更真切感知街上和风景园林中发生的事，留下美好的记忆。

人也是喜新厌旧，街道网络既是未知和惊喜产生的平台，也是串起不同风景的公共记忆脉络。

1.6 行走与行走城市

行走城市的小尺度街道和风景园林让直立行走的人显得那么美，那么有尊严和自信，而不是那些窝在自动驾驶汽车里或是被绑着飞在半空中的人。

线上各种P图显然不作用于线下，人们需要展现的是真正健美的身体。

即使有各种机械增强技术，一般都以能行走为健康的标准。过分增强的状态不会用于日常的行走，除非你不想和其他人打交道。

图1 北京海淀区岭南路行道，树把建筑完全遮挡

行走城市就是一个大健身房，人们坚持每天锻炼步行，保持行走，防止因只从事智慧生产，把各种体力活都交给机器人后，双脚甚至整个形体的退化。行走城市人口密度是每平方公里4万人，这个大健身房很热闹，不只你一人。

2 不用找公园

2.1 公园不是私家园林

高墙或是建筑环绕的私家园林不是公园，小区内的花园不是公园，单位和企业大院不是公园，各种楼前楼后不能进入的花池绿地不是公园，各种封闭的路边绿带不是公园。

这些不是公园的绿地约占城市土地的1/3，这就是为什么大家觉得身边公园很少。行走城市的目的就是要解放这些空间，不种植行道树，但公园就在距你最远两分钟的地方。

2.2 公园是风景园林

风景园林是需认真仔细设计建造和打理的，如果面积太大，可能就会顾此失彼或粗制滥造。风景园林如果过度占地，会阻碍提升人气，影响步行系统的建立（图1）。

行走城市倡导的是公园与步行街道的直接联系和整体的合理分布，而不是一味追求大面积。

小尺度公园更需智慧营建。城里的公园和建筑一样，需要绣花般的心思去更新好。当大家把注意力放在城里，城外的绿水青山和乡村就会少一点被骚扰，更有利于保护和发展。

2.3 把公园里的房子挪到公园外边

如果拿出一块地建公园，需把这块地上可盖的房子挪到和公园相邻的街区中去，这些相邻街区的人气就提升了。

行走城市这样做的目的是为了保持整体人气的集聚，确保整体步行网络的形成。

更多的人在公园边上，公园就会被更多人使用。一个被充分使用的公共空间才能体现它的价值，而不是一个远离适用人群的空的公共空间。

2.4 不要空中花园和下沉庭院

属于私人的空中花园和下沉庭院不在此讨论。如果作为公共空间的一部分，就要注意它的公共性，是否方便使用者进出。空中花园和下沉庭院往往在这方面有先天缺陷。

除非地面公共空间过于拥挤，否则应尽量避免建造空中花园和下沉庭院。

首先让地面层充满活力，方便公众参与，而不是把它留做无用的仪式空间等半公共用途甚至大方地把它拱手让给机动车。

行走城市的公共空间是连续、开放、水平的。

2.5 面朝公园

建筑面朝公园，门开向公园，首层有住宅前院或商店外摆，鼓励和邀请大家不仅看而且到公园中去。

建筑和公园之间没有围墙但有街道，街道可通车也可只是一条散步小径，但都是开放的，方便公众进出。

2.6 不用找公园

公园有大有小，有近有远，功能有所不同。近的公园方便老人儿童日常使用，大的公园里有远离周边建筑的地方，适合广场舞、唱歌玩乐器。小公园不到一个街区那么大，大公园比一个小城市还大。除了自然原因，如位于城市中心的河湖或山体等，单个公园不要规划太大，以免造成城市步行网络的割裂，影响公园两侧人们来往。

行走城市的公园就在身边，不用找。

3 街道成为风景园林

3.1 小区里楼前连接各单元门的路是街道么？

城市街道有统一建设规范，尺寸、材料、设施、标示标线等都有详细定义，日常生活中大家一般都知道怎么使用，如何注意安全等等。而有些小区里的路却是各自为政、五花八门，功能含混，经常变化，有些是尽端路，有些不能通行消防车、急救车。

就像整理那些消极的绿地空间那样，行走城市要做的就是把所有这些标准多样、不成体系的路整合到一起，发挥它们的整体作用，让街道更容易认知，更连续，步行更顺畅，各种功能得到更妥善的安排。

3.2 街道是最基本的公共空间

精心营造的公园还不是最基本的公共空间，即使那些免费24小时开放的，因为它们往往担负某种特殊功能，或在空间上与建筑和街道有物理的隔离。

街道是大家步行出行必经之地，往往是无特定功能的，是所有人都可使用的场所，是最基本的公共空间，是大家身边的风景园林。

和公园一样，这里也有各种行为准则，比如小院搭建和外摆区使用导则等，但对于普通公众来说，更多是基本的法规和常识。

3.3 个体和公众的对话

街道提供个体和公众对话的界面。前院、外摆、门窗、阳台等都是个体向公众表达的场所。公众通过规则、舆论等把诉求和反馈传递给个体。个体也包括访客、路人、服务提供者等，他们也是对话的参与者。

这个对话的存在也是很脆弱的，随着窗帘拉上、门封堵、小院和外摆的撤销，甚至是建筑的离场，对话的界面就消失了。

行走城市倡导的是连续的有对话的界面，人们在风景的街道上交流。

3.4 线下地址

需要给那些从小区大院里整理出来的街道起名字，分配门牌号。即使某个位置目前没有门，也预留出门牌号，路人根据门牌号也能大致判断步行的距离和目的地的远近，这和线上越来越精准的定位功能并不矛盾，可结合使用。

更多的街道和门牌，更多人工作生活在街边，更多个体和公众的对话，更多和风景的对话。

每个人的线上地址很容易搜寻到，每个人的线下地址也应清晰明确好找，而不是“进XX门，向前走过两排楼向右转到头再左转”，等等模糊不清的概念。

3.5 面对面

和面向公园一样，街道两侧的建筑都把主要房间朝向街道，这里是城市的风景。

街道两侧的建筑因此是面对面的，不像兵营式布局的排排房那样有前有后，后面一排房子的正面永远对着前面一排房子的背面，像是排队时看着前面人的后脑勺。

行走城市的街道两侧都是房子的正面，大家不会把背面朝向公共的城市街道，这样更便于交流。

3.6 街道成为城市的风景

现在城市街道都太宽了，要想成为好的风景，需要变窄。方法有很多：两侧建筑底部或整体扩出去，道路中间加房子，等等。

行走城市的街道宽度从10m到50m，有宽有窄，但窄街占的比例更多，宽街只出现在大城市里，小城市不需要宽街。

街道的宽度比尺度更重要。对街道风景来说，只有低楼层才能与街道产生对话。

行走城市定义的街墙高度是四层。

4 结语

行走城市倡导的是“近小慢乐”的智慧生活。

可持续景观设计实践
——从雨水花园到海绵城市

SUSTAINABLE LANDSCAPE DESIGN PRACTICE: FROM RAINWATER GARDEN TO SPONGE CITY

摘要：从当下景观的现状与问题出发，提出了可持续景观的设计策略，其主要由雨径、竖向、植物、材料、功能、审美这6个方面构成。以阿普贝思公司前的雨水花园为设计范例，具体阐述了雨水花园在四季的景观效果。以秦岭国家植物园·田峪河湿地为设计范例，具体阐述低造价的可持续景观是如何具体设计建造的。最后列举雄安万科的地产示范区，阐述了可持续景观在地产景观的应用与实践。

Abstract: Based on current situation and problems of nowadays landscape, sustainable landscape design method was presented. Sustainable landscape includes rain path, vertical, plants, materials, functions and aesthetics. The author used rainwater garden in front of Ups+ company as an example, expounded landscape effect of rainwater garden in four seasons. Author also used Qinling national botanical garden tianyuhe wetland as an example, expounded how to design and build a low-price sustainable landscape. In the last, author used real estate demonstration area of Xiongan Vanke as an example, expounds application and practice of sustainable landscape in real estate.

关键词：可持续景观、雨水花园、海绵城市

Key words: Sustainable landscape, Rainwater garden, Sponge city

邹裕波

ZOU YUBO

阿普贝思创始人、首席设计师，南昌大学客座教授、中国城市科学研究会会员，专注于可持续景观的设计与研究。

设计效果图

贵州作为我的故乡，是一个拥有梯田和自然山林最多的省份，97%以上都是山地，虽然年降雨量很大，但是仍旧干旱缺水，小时候家里就是靠天吃饭，夏天如果连续干旱20天，可能当年的收成就没有了。从古至今，中国人对雨水是非常有感情的，比如雨打芭蕉、四水归堂和巴山夜雨等，并且雨水能够勾起我们的回忆，例如儿时在雨中玩耍的快乐回忆。

1 当下景观的理解

1.1 装饰美学

景观与建筑等开始风格化流行，装饰性景观本质上是以构筑物的外观来装饰室外环境，是没有天花板的室内装修。

1.2 人工地形和大树

降雨通过硬质表面的坡度以及排水沟快速排至市政管道，没有考虑过自然渗透缓解市政排水压力。

1.3 高维护高成本

硬质景观、装饰水景和植物造景的维护都是需要大量的人力与物力的投入。

2 “可持续景观”设计策略

2.1 三低景观理念

低投入、低影响开发和低维护。

2.2 从雨水花园探索海绵城市理念

在海绵城市这一课题来说，探讨的思维模式需要从无到有，从微观雨水花园到宏观海绵城市。

2.3 景观在海绵城市建设中的重要角色

海绵城市的效果并不是特别好，主要是景观在海绵城市体系中发挥的作用过小，海绵城市并不是以工程性为主的，应以绿色基础设施为主。

3 可持续景观有6大构成

雨径，即雨水的运行路径。

竖向，海绵城市的建设要把雨水和自然因素作为重要的设计思考。而这其中雨水的竖向设计很重要。

植物，多用些省水植物与本地乡土物种。

材料，花岗岩尽量少用，多用石笼及一些乡土的材料。

功能，人与人之间的互动交流在景观当中是非常重要的。

审美，生态景观最重要的一点是人们会不会欣赏野草

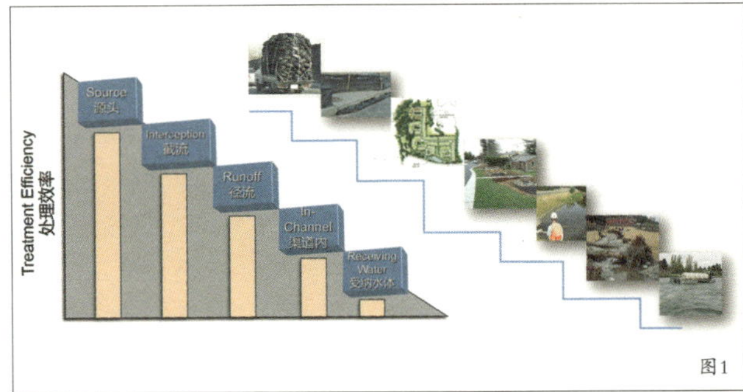

图1

图2

图3

图4

图1 雨水管理梯级
图2 员工参与建造
图3 四季的雨水花园
图4 设计师和学生参观雨水花园

之美，能不能欣赏地域性的景观。

要从雨水的源头治理污染。从美国最大的雨水管理公司荷瑞然的雨水管理梯级（图1）可看出，水质问题从源头处理是最有效的，往下依次是截流、径流渠道，最后是受纳水体。在受纳水体这个阶段再去处理水体，效率非常低。往常处理河道和湖泊的水质已经是在收纳水体这个阶段，效率是非常低的。而雨水花园则是在源头处理水质，景观设计师应该在端头多做些设计，如果在房子周边，街头巷尾的小块绿地里建设大大小小的绿色基础设施，河道和湖泊里的水自然就会很干净，并且城市也不再有现如今那么多的雨洪灾害。

海绵城市的理念，是自上而下颁布的，但是过去3年时间，在全国将近几十个海绵城市中，80%到90%以上的海绵城市都是失败的，问题在于理论可以自上而下，但是实践是自下而上的，3年时间把海绵城市试点建起来，笔者参与过其中的五六个试点，发现从微观反过来实践才是更好的。海绵城市被当做一种常规式的理念，推给所有城市当中的建造者，有意义的海绵城市不是一段时间或者一部分的基金突击。突击做出来的设计是没有多少生态效果的。从细胞体雨水花园到大范围海绵城市自下而上的设计才是较为合理的。由若干个这样中小尺度的雨水花园、雨水街坊不断在城市中生长，生态节能地留住雨水，整个海绵城市也就有了支撑。

4 可持续景观设计案例

4.1 公司前院雨水花园改造

公司屋顶上的雨水5年前是通过雨水管道直接排泄到地上，最终的流向是市政管网。我们从可持续景观的6项构成角度出发，对140m^{2}的场地进行雨水花园的改造。改造的施工由公司的所有员工亲自参与（图2）。建成之后的春季，观赏草根系还在生长，有很多裸露的土壤，最终用木屑等覆盖上。并用石笼做成挡土墙。夏季植物生长很茂盛，绿意盎然。秋季黄色的落叶非常好看。冬季大雪纷飞的景色十分漂亮（图3）。如今的景观变得四季趋同，景观是随着季节不断生长变化的，是具有不同情感与表情的。景观中的主角一定是植物本身，这是景观对城市最大的贡献。在这个雨水花园中对雨水管道进行重新设计，让其成为一个跌落的雨水景观，让上班族也可以随时与大自然亲密接触。雨水花园建成的5年来，我们每年都会对水质进行检测，发现雨水是异常的脏，特别是春天的第一场雨，雨水脏的程度不亚于进入污水处理厂的污水。

海绵城市当中提到“渗、滞、蓄、净、用、排”，然而我们发现“用”雨水是非常难的。公司雨水花园做了一个5m^{3}的地下蓄水池，建成5年以来没有用过，水放在

图5 由河滩石做成的石笼门口标识
图6 建成示范区

里面3天就臭了，并且也没有多余的雨水容纳进去，雨水花园的绿地可以容纳附近的全部雨水。以一个居住小区为测算面积，小区需要使用100年雨水才能把地下蓄水池的成本收回来。在北方，雨季为七八月份，降雨量为全年的60%～80%，将这段时间的雨水储存并利用，从经济成本考虑是完全不可行的。海绵城市更应该注重绿色基础设施而不是灰色基础设施。

公司雨水花园建成后接纳了全国各地上百批的设计师和学生的参观，起到了很好的示范效应（图4）。只有把100m^{2}的雨水花园的生态景观逻辑思考研究清楚后，才能去做大范围上万平方米与上百万平方米的可持续景观设计。

4.2 秦岭国家植物园——田峪河湿地

60万m^{2}的秦岭国家植物园，初期建造成本预计为8000万，平均100元/m^2。在可持续景观的三低理论中有一条低投入，在项目现场有很多当地的河滩石，这是免费的资源，最终 这个湿地中没有用一块花岗岩，铺装和景墙全都用本地的河滩石（图5）。

额外增加的设计有湿地栈道。在可持续景观设计方面，采用了风车发电做局部水质的提升净化，并将亭子的设计与太阳能板结合起来。最终的设计成本约4000万，平均60多元每平方米，节省了将近一半的成本，最终呈现的效果也非常好。

4.3 雄安万科地产景观示范区

项目动工于2017年冬季，需要在2018年4月份呈现最终的景观效果。阿普贝思于2017年12月份做的景观设计和相应的施工指导。项目现场有强盛生命力的观赏草（图6），这是北方真正的乡土植物。设计中阿普贝思采取可持续的景观体系，用台地的方式进行高差处理，把雨水的路径进行相应的梳理，采用了新型的植物、材料与艺术化装置，并把人的互动功能融入进去。历时两个月的冬天和十来天的春天，最后的景观效果非常不错。

作为景观设计师，无论是采取海绵城市、可持续景观策略、还是其他的设计手法，都应该在设计中尊重自然，喜爱自然，自然也终将会以其方式给予回馈。

中国传统人文审美与园林情趣探究

EXPLORATION OF CHINESE TRADITIONAL HUMANISTIC AESTHETICS AND GARDEN TASTE

摘要：在中国传统园林的探索当中，我们应该延续景和境的路径去研究和探索。从我们所看到的现象来看，景是在境当中，境是一个比景更高级、更内在的一种表达。景的要义在于人的内心一定要获得自我的体验，自我的满足。

Abstract: In China traditional landscape exploration way we should continuing study and explore scene and environment. According to our observation, environment contains landscape, advanced than landscape and have more meanings than landscape. The meaning of landscape is every person can achieve self-experience and self-satisfied.

关键词：中国传统园林、拙政园、视觉认知

Key words: China traditional landscape, The Humble Administrator's Garden, Visual cognition

刘利剑

LIU LIJIAN

大连工业大学艺术设计学院副院长，硕士生导师。坚持城市整体环境设计意识，秉承综合环境设计理念，致力于生存·生活·生长整体环境的创造与实践，关注于历史·现在·未来的保护与发展。

苏州博物馆片石假山

关于风景园林我们通常从两个角度去观察和思考它：一个是从景的角度，认为园林主要是风景线，是非常美丽的景致或景色。另一个是从建筑学的角度，把园林看作一个空间，一个比较抽象的研究对象来进行描述。

在基础理论研究当中，景和空间是两个比较核心的概念。景是园林，乃至于更大范围内的风景园林中的中心内容，是整个风景园林中的灵魂。没有景的话风景园林是不成立的。对于空间的认知是刘敦桢老先生在《苏州古典园林》引入的一个概念，他将中国的传统园林翻译成可以延展的知觉的空间。因此在传统园林后续的实践当中，大家经常会使用借景（图1）、对景等手法，来营造心目当中好的园林景观。在空间的研究中，中国园林成为了进行建筑研究和城市设计研究当中关于空间处理手法的宝库，大家都从传统的园林当中吸取经验。这里面更多的是从视觉角度上看待传统园林，在空间研究当中我们会把园林的一些办法或一些处理的手法套入到现代的空间设计当中，比如我们很多大型的居住空间，在自己的绿地空间设计当中经常创造性地使用中国传统园林的手法，但是这里面能看到有一些传统园林的经验特征是被忽略的。

1 被忽略的传统园林经验特征

在中国传统园林的探索当中，我们应该延续景和境的路径去研究和探索。从我们所看到的现象来看，景是在境当中，境是一个比景更高级、更内在的一种表达。从创造当中景从境出，在实际的实践当中先从一个境的确定来引出景的实现。这里面以综合游人身心体验之境作为整个园林设计的核心，同时结合一直受到关注、作为基本欣赏对象之“景”，二者合成“景境”。

这两个图片都是传统的中国园林当中的景致，这边是拙政园通幽，那边是虎丘的通幽，两个名字都叫通幽。

1.1 通幽

以两个传统的中国园林当中的景致为例，一个是拙政园通幽（图2），另一个是虎丘的通幽，两个名字都叫通幽。从现状来看虎丘的通幽更接近通幽本身能传达景致的特征。拙政园的通幽已经建成一个游客入口，加上门口还有铁栏杆，看起来一点都不通幽了。所以这种不切合题意的改变，应该是我们今后进行园林管理或营造过程中，应该注意到的一个问题。

我们谈到景的时候要说到景观，景观二字出现之后更从字面上引导了大家对于景的关注并表现在了视觉方面。所以我们无论是在对传统园林的分析上还是我们现在一些新建的传统园林的规划也好，设计也好，大家都会注重进行视线走廊的分析，更是把这个视觉的属性进一步夸大。

1.2 五感

这里面我们会忽略一点，就是五感的缺失。对我们来讲，不仅需要眼睛代表的视觉特征，还有其他器官代表的五感。

用我的学校举个例子。我们学校有一个非常显著的特征，就是它是在大连市的飞机场附近。从机场跑道到我的教学楼的玻璃将近有400m的距离，400m对于一个飞机场来讲是一个很短的距离，大概是什么样的视觉特征（图3）？飞机起落的时候如果是在夏天，教室的门窗是打开的，飞机起落的时候我们都不能讲话，即使用扩音设备也不能讲话，因为讲出来的声音都被飞机引擎声覆盖了，什么也听不见。我们的师生都是工作和生活在这样的环境下。我通常在课程进行当中跟我的学生们讲这件事情，我说当你来选择这个学校的时候，肯定是在网上找了很多资料，看到很多的漂亮图片，角度、颜色都非常好，所以你觉得这个学校很好。但是来了之后你可能忽然间发现，每天都要在这样的轰鸣当中上课、生活，这是比较煎熬的一件事情。当然，我们的师生们也会利用这样的环境条件，通过创意做出一些有意思的互动作品。

所以我们看待一个景观不仅仅是通过视觉，还需要调动其他感官的参与，我们要通过整个身心来体验，这还仅仅是表层的阐述，更深入的则需要获得精神上的经历。

我们通过回顾传统文化当中的一些事例可以获得一些经验，比如唐代诗人贾岛诗句中“推、敲”二字取舍的典故中，最后用了“敲”不用“推”，就是因为敲是带有声音的，在夜半时分寂静的环境下，这样的声音对诗的意境有了更深的表现。

由此可以发现，在中国传统文化上，对园林的表达有整体的要求，除了视觉之外还需要声音、颜色、香气、触觉、温度等共同的表达，这才是整个中国传统园林中对景致的多层次体验。所以，我们的景致是一种调动各种感官的全身心的感知，那么这种感知仍然被看做是一种外在的表现，它需要的是什么？需要与人主观精神性密不可分，要得到一种精神上的体验。

2 景不止是视觉的表达，还有着自由形式上的表现

得真亭和现在的亭子不一样，现在的亭子都是要由砖瓦组成的，这个亭子没有一砖一瓦，是由四棵柏树的顶部进行一个绑扎形成亭子的形状。文征明之所以用这种形式，是表达了创作者本身精神境界上的追求。得真亭整个景观当中不仅仅有柏树，还有其他的比如说落叶的枣树等，置换成柏树品种，是经过精心的选择，这就是中国传统文化当中关于君子形象的表达，表达了清高、坚毅等君子的品格。在文献里面也经常有“常得青青保四时”的句子，这是核心的一种表达。除了柏树亭之外还有柏门、柏屏等等，都在园林中得以实现。

还有这样方池造型，与如今常见的自由池岸形式不同，其实在早期中国的园林当中出现过很多的方池的造型，这两个是现在遗存的，这是曲岸池典型代表，经过变形的曲水流觞（图4）水景小品。之所以后来由方池演变到现在的曲池，这里面体现的是中国传统文学或者是文化的一种演变。

图1

图2

图3

中国传统园林和中国的山水诗、山水画三者关系密切，园林也是诗和画的来源，诗和画促进了园林的发展。尤其到晚明时期，由于画意的出现，被造园者将其融入到园林营造当中，人们更希望在园林当中看到这种画的表现，画面上曲池比方池的观感要好一些。人对精神性的体验变得更加丰富、更加变化，视觉上面会出现曲池形式上的要求。将外在自然与人内心相关联的适意虽然始终存在，但是内涵得到进一步的发展。

以往将景作为视觉认知的传统园林往往倾向于形式上的继承和借鉴，大家在早期的时候都是把我们中国传统园林形式上进行复制。但是现在都已经发生了变化，景的要义在于人的内心一定要获得自我的体验，自我的满足。那么景致或者说园林是人与自然内心相互沟通的媒介。

在中国传统园林的文化语境当中，自然景物和人工营造是不可分的。有的时候我们看传统园林做的是砖瓦的结构，但是它体现的是“虽由人作，宛自天开”。人工的营造不仅是在造一个景，而且是在彰显自然与人的关系，它为人更好地感知和体验自然搭建起沟通的桥梁。

3“景”是发乎心，关于情的体现

我们可以举例寄畅园里面的八音涧来进行体验，八音涧里面不单有山石的造型，还有视觉和其他感官的体验。人在其中穿行，有声音的体验，水流淌下来产生的声音，有风刮过水面之后产生的凉气，手触摸山石带来粗糙的感受，以及由于身体位置变换，带来视觉上视点、视角的转移，这是一种非常综合的体验。

片石假山是画意里面最好的体现。它不再忠实于原始的石头的立体景象，而是把石头进行切片之后放到这个白墙前面来，通过二维形态体现抽象的审美意境。

当环境相对内向时，视觉效果也就变得相对有限，比如梧竹幽居亭（图5）这样的亭子，它相对封闭内向，人在其中的视觉效果也就相对受到限制，这时候充分调动人们对自身内心的精神体验。当我们向外看到相对广阔空间的时候，我们看到的是以视觉表达为主的对于整个景观体验的一种融合。

这里面体现了画意游，不但意味着对画面和结构的欣赏，还重在精神上的漫游。这都是体现我们的内心、中国文人传统的一种经验的表达。

谈及中国传统园林的发展，就要简单说说以苏州园林为主的私家园林和现在城市当中作为公共空间的都市公园之间的关系。首先，二者同样反映的都是人和自然之间“天人合一”的精神和哲学上所追求意境的表达，作为文脉传承的载体，在现实社会中发挥着应有的物质作用；其次，在宏观上，作为一类考察标本，它们都体现出当时社会背景下的一种时代精神，无论是封建时代自给自足小农经济下封闭的、个人化的时代精神，还是今天这样一个工业化的时代，甚至是后工业化时代里开放的社会化时代精神，都以各自的审美形式呈现于不同尺度的空间表象中，体现出不同时代的人文关怀——无论是私家园林里体现出对主人个人的深度关怀，还是现代公园里面体现出对社会大众的群体关怀；最后，毕竟时代不同，它们体现的科技含量有本质区别，现代都市公园地处日新月异急剧变化的城市环境中，要为城市服务，为城市里人的未来发展预留可能性，要平衡与协调生态和科技之间的关系，创造出适应人们身心健康需求的环境。

当下的主题教育也告诉我们，要不忘初心，砥砺前行。我们要面对的是建设人类命运共同体，实现中华民族伟大复兴的历史使命，面对星辰大海，坚持继承中华民族优秀的文化遗产，将人文精神和园林意境妥善地与时代契合，在今天的城市建设中发扬光大，使之继续造福人民，让自信的道路越走越宽广。

图4

图5

图1 拙政园借景示意

图2 拙政园通幽

图3 笔者学校到机场跑道的距离示意

图4 显示的是曲水流觞的原意，它最初仅仅是民间的社会活动，后来演变成图案化的曲水流觞的造型

图5 拙政园的梧竹幽居亭

王勃《游冀州韩家园序》

THE TOURISM OF HANJIAYUAN IN JIZHOU OF WANG BO

摘要：唐代著名诗人王勃在衡水写下了一篇《游冀州韩家园序》。这篇文章与《滕王阁序》文风接近，既有场地的描写，也有园林景观的描写，更有室内和活动的描写，还有作为游览者心态的描写，从自然景观到人文景观，再到个人理解的升华全都具备。从该文中可以看到自然、星宿、文化等领域的很多东西。

Abstract: A famous poet of the Tang Dynasty, Wang Bo, wrote a poetry in Hengshui,*The tourism of Hanjiayuan in Jizhou* . This article is similar to the style of *The Preface to Teng Wang Ge.* It includes descriptions of the venue and garden landscapes, interiors and activities, as well as descriptions of the mentality of the tour, it also contains natural landscapes, humanistic landscapes and the sublimation of understanding of individuals. From this article, you can see many things in the fields of nature, astrology, and culture.

关键词：王勃、冀州、韩家园

Key words: Wang Bo, Jizhou, Hanjiayuan

刘庭风

LIU TINGFENG

天津大学建筑学院风景园林系教授，博导，天津大学设计总院风景园林分院前副院长，天津大学地相研究所所长。中国风景园林学会理论历史分会副主任。主要从事风景园林历史文化和理论研究，出版《中日古典园林比较》《中国园林年表初编》《中国古典园林格局》《园林五要》等 14 部著作。

兰亭

1 概述

河北省首届（衡水）园博会的时候，我做了一次对衡水园林历史的研究，过程中发现王勃的一篇文章《游冀州韩家园序》。王勃是唐代诗人，字子安，绛州龙门（今山西万荣）人，是中国文学史上十大骈文名家之一，有“初唐四杰”、“诗杰之冠”之称。他的《滕王阁序》在诗和序的结合方面达到了无以超越的顶峰（图 1）。

《游冀州韩家园序》与《滕王阁序》文风接近，比原记更加浪漫一些。既有场地的描写，也有园林景观的描写，更有室内和活动的描写，还有作为游览者心态的描写，从自然景观到人文景观，再到个人理解的升华全都具备。

2《游冀州韩家园序》解读

文章可分为 4 个部分：位置、园景、山势、壮情。

2.1 位置

铜沟水北，石鼓山东。星辰当毕昂之墟，风俗是唐虞之国。虽接燕分晋，称天子之旧都；而向术当衢，有高人之甲第。

第一句说“铜沟水北，石鼓山东”。铜沟就是铜铸的沟渠，据考证，吴王夫差在他的院子里就做了铜沟。石鼓山，河北省磁县西北有一处石鼓山。这两个区位，表明了文中的园林在什么地方。虽然现在已经找不到了，但有这位古人给我们留下的这篇序，使我们得以了解韩家园。

接下来说“星辰当毕昂之墟、风俗是唐虞之国”。毕昴，二十八星宿之毕星与昴星，出自司马相如《长门赋》，晨见于东方，故常表示黎明。从它的方位来看，是不是表明的就是衡水的区位呢？唐虞，古代的两位帝王唐尧与虞舜的并称，亦泛指太平盛世，也可指中原地区，“唐虞之国”说明这个地方是一个非常有传统的地方，风俗也是从唐虞时代传下来的，不是偏远小国。

区位上又说到“接燕分晋，称天子之旧都”。衡水在夏朝时分属冀、兖二州，商周时期有饶、昌、武城、武罗等，春秋时期多归晋国，战国时代为燕、赵之地，公元前 221 年，秦始皇统一中国后属巨鹿郡。之前是否作为旧都，或是旧都的一个部分呢？当然，作为一篇序文来说，是夸大其词还是有所实指，需要研究。

图1

再接下来是“而向术当衢，有高人之甲第”。向术当衢，就是它对着很宽的马路，四通八达的大道就叫衢。甲第，豪门贵族的宅第。《文选·左思》中提到“亦有甲第，当衢向术”。

2.2 园景

祥风塞户，瑞气冲庭。芳酒满而绿水春，朗月闲而素琴荐。家童扫地，萧条仲举之园；长者盈门，廓落东平之室。梧桐生雾，杨柳摇风。眺望而林泉有馀，奔走而烟霞足用。

“祥风塞户，瑞气冲庭”。这里可以看出从古代到现在，不管是行政体系还是民间体系都一直在追求的吉祥文化。我们现在所有的建筑规划都是在趋利避害，这个吉祥文化就是以祥风、瑞气来表现的。塞户和冲庭，冲和塞是在堪舆学里面的两个用语，不能冲着庭院，也不能塞着门户，在园林设计里面也就是空间的表达。

“芳酒满而绿水春，朗月闲而素琴荐。”芳酒满——是说人们在园林里面进行活动，比如饮酒畅谈、吟诗作对等。朗用闲而素琴荐，说明还赏夜景。而且，我们讲休闲文化，闲下来的时候才能体验到月的美，如果不闲，忙的话，再美的景都不是美景。素琴的“素”表示当时的审美观念，老子的三大理念之一就是以朴素为美，如果能够体现朴素，把朴素看成美的，个人的审美境界就达到了最高境界。朴，就是没有加工的布。素，是没有染色的绢。中国的园林需要素琴，不是为了空摆在那个地方，一定是有人参与的，而且是山水，丝竹、管弦和山水清音结合在一起。

“家童扫地，萧条仲举之园；长者盈门，廓落东平之室。”仲举之园——根据查证古代叫仲举的有两个人，更接近的是南朝陈国的大臣字德言，当时他权倾朝野，最后被赐死，家中富有，有一处私园东平之室——历史上被封为东平侯、东平王的有几十个人，与王勃同一时代的东平王为李续，唐朝宗室大臣，唐太宗李世民孙。还有一种版本，这里不是东平，而是陈平，陈平是汉代的一个宰相。

接下来讲园景，刚才说到了亭和园。在这里则说园里面有什么，亭里面有什么。梧桐生雾，作者把雾当成景来看。还有杨柳摇风，风和雾自古以来都是景观中非常重要的要素。7000 年前就有“风”字，将自然的风当成景也接近 7000 年了。景是太阳照下来的影子，在做设计的时候，大家都要用光，也要用影。这两样东西是人类所避不开的，而且一直在利用的。

“眺望而林泉有馀，奔走而烟霞足用。”林泉就是园林的代称。烟霞，在汉代以前有一个道家门派叫食气派，纳的是烟霞之气。在古代，很多道观一定要建在能够看到烟霞的地方。

2.3 山势

神龙起伏，俱调鼎镬之滋；鸣凤雌雄，并入笙竽之奏。南庭兴晚，东径阴生，石髓拆而隐士归，玉山崩而野人醉。

“神龙起伏，俱调鼎镬之兹”，用到“鼎镬、神龙”等词，说明是非常有地位的人家。里面堆山应该是神龙起伏、鼎镬之势。古代的鼎、镬最早的时候，就是用于烹调、烹饪的器具，后来也用于杀人，把人放在里面煮。鼎镬由原来的家用烹饪器变成礼器、形器，经历了一个过程。能够有神龙起伏，能够用鼎用镬的，不是一般的人家。

“鸣凤雌雄，并入笙竽之奏”，神龙起伏是堆假山，鸣凤雌雄应该是养了很多像凤凰的鸟。另外特别说到了南庭。“南庭兴晚，东径阴生”，就是南庭傍晚的时候是最好看的，东边那条路有影子打下来的时候也是特别美的。“石髓拆而隐士归，玉山崩而野人醉”，石髓就是石钟乳，在唐代的时候堆假山常用，古代道家也用于长生。玉山，当然不是真正用玉来堆山，而是说明档次很高。

2.4 壮情

高情壮思，有抑扬天地之心；雄笔奇才，有鼓怒风云之气。佥为文在我，卜翰苑当仁。王羲之之兰亭五百馀年，直至今人之赏；石季伦之梓泽二十四友，始得吾徒之游。陶陶然，落落然，则大唐调露之元年献岁正月也。

这部分说到了“王羲之之兰亭五百余年，直至今人之赏”，明确表明王羲之的兰亭在这个园林里也得到了仿制。兰亭在浙江绍兴城外 15km 的地方，古代文人在这里曾进行饮酒斗诗和修禊祈福的活动“曲水流觞”（图 2、图 3），作为中国文人在园林和自然山水中的活动，一直传承到现在，唐代的时候也有这样的活动。

还有一句话“石季伦梓泽二十四友，始得吾徒之游”，就是说作者不是一个人游览，而是带着 24 个朋友。石季伦是西晋富豪石崇，“金谷二十四友”之一。金谷园是史存的非常重要的一个历史园林。学园林史的时候大家都要花很长时间读《金谷园》。

3 结语

衡水这个地方，王勃这么著名的唐代诗人给我们留下这么美的一篇文章，作为园林人看到了自然、星宿、文化等领域的很多东西。希望我们所有的园林能够走文化之路，把中国的传统传承下去。

图2

图3

图1 滕王阁

图2～3 曲水流觞

《祖乙迁邢》雕塑创作及杂感

CREATION AND THINKING OF *ZUYIQIANXING* SCULPTURE

摘要：《祖乙迁邢》组群雕塑由中央美院雕塑创作团队历经3年完成。雕塑由近百个人物、20多匹马匹、若干器具构成，表达了“迁邢”主题。以现实主义的写实主义和中国传统的写意精神相结合的创作方法，刻画了祖乙、文武大臣及普通百姓的生动形象，展示了中国历史上无数次迁都事件中的一个经典画面。

Abstract: The group sculpture "Zuyiqianxing" cost Central Academy of Fine Arts sculpture team three years to make. The Sculpture includes nearly a hundred people, twenty plus horses and multipal implements, expresses the theme of Qianxing(move to Xingtai). The sculpture team intergated realism and China traditional freehand spirit creation method creates a picture of mirigation by Zuyi and his followers that happened several times in Chinese history.

关键词：园博会、祖乙迁邢、雕塑创作

Key words: Garden Expo, Zuyiqianxing, Sculpture creation

程坚

CHENG JIAN

资深雕塑家，中国工艺美术协会雕塑专业委员会会员，中国雕塑学会会员，美术学博士，河北省第三届园博会系列雕塑创作负责人。

邢台解放纪念碑园

1 概述

2019年8月28日，《祖乙迁邢》组群雕塑在河北省第三届园博会安装完成（图1）。这组雕塑，由中央美院雕塑创作团队历经3年完成。创作团队和邢台市渊源颇深。本世纪初，由傅天仇先生创作的《郭守敬》雕像，开始了中央美术学院雕塑创作团队与邢台市的合作。2004年通过方案竞赛，创作了《邢台解放纪念碑园》，2005年9月在邢台解放60周年时落成，并获得国家城雕委年度优秀作品奖。2006年，团队接受委托，编制了《邢台市城市雕塑布局规划》，是河北省在该专业的第一部规划。2007年，《规划》中的《邢之门》雕塑实施。2016年，为了提升城市品质，团队通过竞标，开始了《邢台市城市重要节点公共雕塑设计》创作活动。经过一年多的调研和创作，其中大部分精彩方案获得专家、职能部门和市领导的肯定，表示择机实施。2017年，团队方案《邢州五杰》被市开发区选用并实施。2018~2019年，《祖乙迁邢》组群雕塑实施，并受到当地人民群众的喜爱，与雕塑合影并传播图片的群众每天都有。

这组雕塑，由近百个人物、20多匹马匹、若干器具构成，表达了“迁邢”这一主题，刻画了祖乙、文武大臣及普通百姓的生动形象，展示了中国历史上无数次迁都事件中的一个经典画面。

群雕由一长串纵向方阵组成，分为《仪仗》《皇权》《护鼎》《百姓迁徙》4个组团。

2 创作内容和过程

2.1 创作构思

因为《祖乙迁邢》历史上记载得非常简短，留下的图片很少，所以创作从收集资料开始，包括《最早的中国》中的图片，跑了很多趟殷墟博物馆，还参考了国家博物馆的图片，构思成方案，进行效果图制作，为后期的创作提供了依据。群雕的意图是：①歌颂邢台的人杰地灵。②赞美追求美好生活的奋斗历程。

2.2 雕塑内容

雕塑一共分成四个部分：

第一部分：仪仗（图2）

8人、8匹马及长矛、斧钺等仪仗用具、旗帜，总高6米，表现商代的军事力量，旗帜上的玄鸟图腾，点明时代——玄鸟生商，若隐若现，体现了时代的沧桑感。仪仗选择了骑高头骏马的英武军人，手持旗帜和武器。祖乙时期，商朝和周边部落的战争时常发生，强大的军事力量是王朝生存和发展的依靠。仪仗这组群雕，既是帝王出行时

图1《祖乙迁邢》组群雕塑

的礼仪形式，又向外人展现了商朝的军事力量，对反对势力起威慑作用，武士们既形象不同，又都威武有力，阳刚之气十足，代表了王朝未来的强盛希望。骏马形态整齐中稍有不同，强化了雕塑的形式感。

第二部分：皇权

由祖乙、王后、马车和驾车人及身后的护卫组成，祖乙是核心，也是整个雕塑的中心主题人物。中年，身形挺拔，巍然屹立，有泰山崩于前面色不变的定力，目视远方，目光深邃坚定，表现了压倒一切的气势，实现迁都壮举，期待王朝再次振兴的坚定信念。史载祖乙是个有为国君，在他迁都邢台后，商朝再次兴盛起来，人民安居乐业，王朝又延续了很长一段时间。

以往创作帝王像时往往都是帝王一人，可这种表达在时下稍感不足，和谐美好的社会一定是家庭完美，夫唱妇随的，既要有大智大勇的帝王，又要有母仪天下的王后。因此，增加了王后的形象，面部饱满，目光慈祥，发髻整齐光滑，身形稍微倾向依偎着祖乙。罗盖是帝王出行的标配，也是帝王身份的一种象征。

第三部分：护鼎（图3）

文武大臣护鼎，对迁都作了点题。古代社会中，迁鼎代表着迁都，鼎是国之重器，夏禹建立王朝时铸九鼎象征九州，鼎和皇权就有了直接的关系。这组雕塑，下部的人物和马匹都是采用高浮雕手法，在一块整泥上塑形的。从正面看，右边是文臣，左边是武将，文臣宽袍阔袖，武将衣甲整齐，形象是各具特点的抽象概括，整体表现上就是两组人，用壮实的血肉身躯，扛着大鼎，跟随帝后，一往无前，义无反顾地前进，前进。所有的衣纹都稍微向后，表达一种整体前进的动势，气势宏伟，力量万钧，有一种排山倒海的气势。鼎厚重规矩，是参照国博二里头出土的实物创作，鼎前武士威猛，骏马嘶鸣，鼎后旌旗招展，遮天蔽日，营造了一种极为宏大的场面，震撼人心。

第三部分：百姓迁徙

商代的百姓分为普通平民和奴隶，当时的生产力水平较低，普通人常常一天只吃两顿饭，因此，人物塑造上偏硬朗，干瘦，手脚青筋裸露，显示了长期劳动的辛苦。这组雕塑，生活气息很浓，男女老少都有，3个一群，5个一组，偕老扶幼，肩挑手提，在总体向前的趋势下，各有不同的姿势，既有对新生活的殷切期望，也有对故土的难舍难分。农具中藤筐、牛车、耒耜、犁耙、马牛羊等形象地还原了农耕时代的生产活动场景。

3 雕塑语言及表现手法

3.1 写实为主，写意为辅，写实写意相结合

写实能够有效、便捷地表现主题，激发想象，阐述时代背景，唤起自豪和激情。写意是为了诗意、有趣，是中国传统艺术的惯用表现形式，同时艺术也需要概括，符合审美多样性的要求，既生动活泼，又庄严肃穆。这种表达形式，便于广大公众的欣赏，易于理解雕塑内容，给人想象的空间。

3.2 院校创作模式与民间创作经验相结合

现代美术院校雕塑创作中，一般先做1：10左右的小稿，再做1m高的中稿，最后1：1泥塑放大，而民间创作往往根据一张图片，靠经验直接放大。我们创作中，团队认真推敲每个人物，骏马的动作，每个人物形象的身份象征，制作了两轮小稿。第一轮小稿解决各组团的空间关系，人物动物和器具空间布置关系，人物之间的相互关系等。第二轮小稿精心塑造，解决人物的具体形象和体量，用于等大泥塑的创作。然后，在等大泥塑创作前又经历两阶段。一是斟酌修改；二是梳理表现要素，尤其是器具的考古成果研究和应用。

3.3 “求同存异”的雕塑语言选择

参加泥塑放大创作的人员众多，分4个组，80多人，

既有院校师生，又有民间泥塑艺人，受教育的程度和创作经验各不相同，雕塑语言也就各有特点，如此大规模的集体创作如何做到雕塑语言的“大同”呢?

同是服饰，还有迁都行进的方向相同，可又各不相同，例如有些回眸的，可以表现对故土留恋难舍的情怀。巧妙地利用人物宽大的袍服和衣纹，形成了一种强大的一往无前的动势，形成剪影效果，结实厚重与飘逸灵动。疏与密，强与弱，个体的明确肯定表述与群体的团块塑造，互相对比，共同出新。

首先，用道具的尺寸来推算或规定人物的尺寸， 道具用考古的成果和现代农耕中的农具作为参照，实物与雕塑的比例定为1：1.3，人物和动物（除祖乙外）也按1：1.3放大。这样，不同的创作者在创作泥塑时，仅有一个标准，即全部人物尺度有了一个统一的参照系。雕塑家在创作中只要关心人物和器具的关系即可，不用太过担心人物、动物到底是大是小。

为了凸显主题，祖乙的高度定为3.95m，身旁的王后按他的高度为参照，构图和气势上有了提升。可以说，《祖乙迁邢》创作继承了新中国大型主题创作的优秀传统，以主创团队为核心，在主题把握，表现形式，造型定位，创作组织，协调合作等多方面继承了《人民英雄纪念碑》《中国人民抗日战争群雕》《空战英雄》《海上思路雕塑博物馆》等大型经典雕塑作品的创作传统和经验，并在主题深度，艺术形式，技巧处理及手法上有创新。器具上，算好比例尺寸后，按民间做法，直接放大成形，不在小稿上过多纠缠。

4 审美效果

4.1 与大环境协调

群雕整体置于水池当中，既体现跋山涉水迁都不易，也使雕塑产生了生动的光影效果。同时，雕塑以南大门作为背景，强化了群雕迁都于“邢”的地点，又提升了整个园区环境的品位，在审美上形成一个高潮。

4.2 宏伟壮观，飘逸灵动

疏与密，团块气势与个体深入刻画结合，剪影与水中倒影结合，产生了宏伟壮观和飘逸灵动的审美效果。

4.3 唯美与奔放

女人、儿童唯美主义表现手法，给人美的享受。骏马概括、奔放，让人激动，催人奋进。

4.4 尊重现代人审美习惯

既写实又简约，不繁琐，从头到尾，气势上相对的弱、强、最强到抒情的弱，表现出极强的音乐节奏感。前后组团祥云和衣纹的一致向后，人物、动物基本向前，呈现极强的韵律美。

5 实施效果评价

落成的雕塑基本上达到了创作要求，不足之处主要有：①旗帜的写意效果没达标，僵化有余，灵动不足。②器具和宫柱的规格尺寸人为地做了减少，气势不足。③铸铜人物的表面处理不到位，有些粗糙。④安装在已经铺好花岗岩的基座上，留下安全隐患。

6 杂感

整体创作方向是：艺术为人民服务，为时代精神服务。

雕塑制作上，现实主义的写实主义和中国传统的写意精神相结合。写实是为了看得懂，写意是为了增加美感。把艺术表现手段和民众欣赏习惯结合起来，坚定不移地走社会主义写实主义的创作道路，坚守艺术为人民的本真精神，坚持艺术创作和时代精神相吻合。

另外，要让专业的人做专业的事，要有充裕的创作时间。资本不能成为左右公共雕塑艺术创作的主导力量。地域性和雕塑周围环境是雕塑需要探索的永恒主题。

图2

图3

图2 仪仗
图3 护鼎

古今相续，山水形胜
——河北省邢台市园博园承德展园规划设计

PLANNING DESIGN OF CHENGDE EXHIBITION GARDEN IN HEBEI GARDEN EXPO

摘要：河北省园林博览会作为省内一年一度的园林盛事，不仅极大程度地推动了河北省各城市绿地建设进程，也为河北省风景园林的发展和研究提供了良好的契机。作为园林博览会重要组成部分的城市展园，不仅需要在内容与形式上对地方文化进行研究和解读，更要思考如何为河北省风景园林文化研究做出贡献。

Abstract: As an annual event in Hebei province, Garden Expo extremely promotes cities green land construction process in Hebei, provides great opportunity for Hebei landscape development and research. As the most important part of garden expo, urban exhibition garden needs study and interpretion on local culture in content and form, also requires think the method of contribute to study of Hebei landscape architecture culture.

关键词：承德园、古典园林、传承文化

Key words: Chengde Garden, Traditional landscape, Civilization heritage

邵明

SHAO MING

北京林业大学博士，邢台园博会承德及保定展园设计师，参与秦皇岛园博会主园区及衡水展园、迁安滨湖东路海绵绿地等设计规划项目20余项，获得IFLA亚太杰出奖，英国景观行业学会国家景观奖、西班牙双年展景观提名奖、中国教育部勘察设计景观奖等国际国内奖项10余项。

承德园鸟瞰图

1 展园设计的目的

自1999年昆明世园会极大程度上促进了云南省乃至中西部地区旅游业和商贸业以来，不同级别的园林博览会在我国迅速发展，成为了推动城市绿地系统完善、城市生态系统修复、城市经济外向发展、扩大城市影响力、建设城市基础设施的重要推手之一。

河北省有坐拥五朝古都的邢台，九水绕城京畿重地的保定，三千年未曾易名可溯先秦的邯郸，这些传承至今的文化底蕴，都令人惊叹，园博会作为河北省绿地建设的重要内容之一，自衡水、秦皇岛、邢台三届举办以来，无疑成为了河北省的园林盛事，而城市展园作为园博会的重要组成部分之一，其目的不仅仅是对地方文化的传承展示，更是对河北省风景园林行业研究发展的促进和推动。

2 展园设计的策略

2.1 规划解读

进行本届承德展园设计之初，我们得到了主园区对我们的设计规划定位——传递并体现北方皇家宫苑园林的文化特点。

从整个园区的区位上来看，承德展园位于园区南侧主入口主路游线的开端，一方面与主路相接，可达性好，另一方面与水系近，周围景观视线较好，同时展园与园林艺术馆北侧直接连接，便于和主展馆形成联动（图1）。

2.2 概念提出

在思考如何在展园内体现皇家园林之前，我们设想，如果可以将承德展园作为邢台园林艺术馆的室外延伸和拓展空间，更符合展园与整个区域的联动一体的设计构想。因此，我们提出在皇室宫苑园林之外，去做一个因山就势、缩古纳今的园林艺术活态博物馆。

回到设计主题，承德的皇室无法回避的就是避暑山庄，我们将避暑山庄的皇家宫苑文化归纳为8个字——“心怀天下，景纳江山”。

2.3 概念解析

心怀天下是皇家文化的胸襟气度，景纳江山是避暑山庄移天缩地的景观特点。

所谓“自然天成地就势，移天缩地到君怀”，一如乾隆在《避暑山庄后序》中讲到的“自天地之生成，归造化之品汇”，避暑山庄选址于山水形胜、气候宜人的宝地，

图1

利用借景，丰富和扩大视野；随山依水，因自然之性格而成园，最能体现帝王集江南塞北美景于一园，避暑之时尤能思民勤政，心怀天下的气度与胸襟。

一方面，我们在方案中体现避暑山庄“山水形胜、宫苑交辉”的布局结构。宫殿于南端控制全局，湖泊拱卫宫殿区，平原成为湖泊与山区的过渡，山岳区主要分布在北侧，山底穿过狭长河流。山、原、湖、宫各要素相互因借，交融统一。

另一方面，山岳区远眺四方，平原区静观万物，湖泊区博采名景，宫殿区崇朴鉴奢，在每一个区中，也都能体现皇家苑囿仰观俯察、心怀天下的思想情怀。

综合以上的设计构想，我们以避暑山庄的布局和皇室园囿的思想为原型，在山、原、湖、宫的意象中，去表达我们心怀天下、景纳江山的主题。

2.4 结构完善

结构上，我们以竖向处理和场景复原两种手法为主来体现山庄山水文脉的皇室特征。

首先通过竖向在北侧边界处引水，向南成溪，平衡土方在西北堆山，结合古建院落、特色种植，形成整个展园的景观骨架。

山水骨架方面，仿效避暑山庄“山水形胜，内外交融”的特点，西北为山，山区汇水经过山脚下狭长河流再到平原区，更显山势。湖区内湖与外部水系结合，形成了园区主入口特色的水边界，有洲岛交映之感。

在山水骨架的基础上，以古建院落的复原、特色种植空间结合相应的展示内容，古今相续，俯仰相依，来展现山庄之魂。建筑方面东侧的二进北方院落虚实相生，北侧山巅踞亭，控制全园，水畔为舫，回廊框景；山体与平原则以植物景观为核心。

2.5 方案生成

最终在整个设计分区上，与避暑山庄一一照应，包括山岳区——凭虚畅襟，平原区——游目骋怀，湖泊区——俯镜清流及宫殿区——勤政亲贤。

游人进入园区可以看到北侧的山体、平原以及院落空间，东侧的湖区与内外水系，整体上以山水为骨，以建筑为魂，水系串联，内外融贯，而特色建筑借景真山真水，更能展现我们所构想的避暑山庄心怀天下、景纳江山的皇家情怀。

2.6 分区介绍

2.6.1山岳区——凭虚畅襟

设计之初，我们将南侧的宫殿区定位为整个园区的主要出入口，其以三开间建筑为节点，仿效避暑山庄“宫殿区一湖区”的空间结构和“崇朴鉴奢，以洽群黎”的皇家思想。建筑对景湖山、眺望全园，表达容天下于心胸的气魄。

暄波迎客为全园主入口，自主路过桥入园，桥北的水岸以植物景观为主，桥南的水岸则为贴水的直廊，两侧涌泉雾喷象征热河泉的暖流暄波，作为主入口点景景观，强化入口轴线，表现皇家气度，作为皇家园囿文化的前序展示内容，对游人游客有着极好的引导作用（图2）。

三开间硬山建筑的横、纵二轴分别控制湖区与山区、建筑外廊可以看到园中的主山和主水，形成对全园开阔气度的第一印象。

2.6.2湖泊区——俯镜清流

经由左侧直廊可至湖泊区，有人形容避暑山庄“山庄胜景，正在一湖”，湖泊区也是整个展园内部的景观核心区域，其仿效避暑山庄洲岛交映、建筑庭院与水系交融的空间特色，充分利用借景手法，传递湖区“博采名景、移天缩地”的情怀。

避暑山庄内康乾四十二景，大量的景观虽然现在已经被修复了，但仍有部分景点仅存留遗址基础，对于这些遗迹和遗址，多数有两种看法，一种认为这种修复能让山庄当时的皇室风貌得以重现，一种认为这种修复的建筑未必是当年的样貌，甚至还可能把原有的遗址损坏和破坏。

我们希望如果能将山庄未曾复原的建筑，利用这次邢台园博会园博园建设的契机和展园建设的契机在邢台进行一个复原的展示，不仅为园博会建设提供条件，更能为河北省对园林历史文化，山庄文化的研究做出一定的贡献。

所以，在湖泊区，我们对避暑山庄内仍未被复原的“云帆月舫”“双松书屋”两处景观进行了修复展示。

云帆月舫为湖区尚未复建的建筑中，最能体现皇家特色的。它是一座二层旱舫，为康熙三十六景之一，在形制、规模上与江南园林的船舫截然不同。云帆月舫古

图1 承德园平面图

图2 承德园山岳区

图2

时设计之初就选择了西向主视面观月，是为“月舫”，周围布置苍松，是为“云帆”。展园中按原设计思想、原比例复建，周边用青砖黑瓦铺地和油松相配，共同塑造“牖幔披云揭，楼栏共月扶”的诗意。由建筑二层可以远眺湖山，与主入口形成对景。主入口看云帆月舫，可见二层船舫建筑前临荷花，后被松云，成为湖区的焦点（图3）。

从建筑一层穿堂经过，荷花对岸为湖区第二处复原景观“双松书屋”。该处根据湖区如意洲现存建筑与遗址的关系，选择如意洲清盛期修建、而今仅存遗址的双松书屋院落，有较高的复原价值。总体策略是将现状遗址建筑予以复原，而已复原建筑保留布局和柱础，同时营造植物景观“双松”与“金莲映日”，其余部分以“柱础+景墙+植物景观”的方式形成花园，构成水陆交织、建筑与自然相依的院落空间（图4）。

如意小院下沉三级踏步，将周围花草与下沉庭院的坐高视线齐平，营造遗址之中回溯历史的静思气氛。原位置的景墙和柱础则代替建筑回廊，强调北方院落空间的完整性。

2.6.3平原区——游目骋怀

经过了以建筑空间为主的湖泊区，来到以植物景观为核心的平原区。

平原区以观赏草地为主体，大面积种植粉黛乱子草，南北借景山区之声、湖区之味，表现地平草茂的自然风光与“静观万物，俯察庶类”的皇家思想。

整个平原区的主景“万树苍云”以避暑山庄“万树园”为蓝本，经过了长时间的探索和考究，最后选择了花期和效果都与园博会周期与定位相匹配的粉黛乱子草，最终形成疏林草坪点植蒙古栎，配合大面积的粉黛乱子草，塑造自然天成的草原风光，体现北方皇家苑囿的雄浑气势。

2.6.4宫殿区——勤政亲贤

山岳区取避暑山庄山区的结构特点，北侧堆叠6m高的主山，结合穿山而过的石桥，表现避暑山庄峰峦起伏、沟壑纵横的山岳区特点。山巅踞亭，传递“宜亭斯亭”的山庄造园理念，亭在制高点控制全园，远眺内外，传递“胸怀今古，目揽四方”的气度与胸襟。

北山“双夹峰秀色”有两峰夹一鞍的结构，双峰之中西峰为高，设置观景亭，在地形平面及剖面中可以看到，两峰之间的山鞍，向北透出园外地形，向南留出缓坡、疏林、草地的视线通廊。结合会展时间，山区以白桦、元宝枫、黄栌、蒙古栎等乡土秋色叶塑造层林尽染的山区植物景观。

沿蹬道上山可及天地旷观亭。亭子以避暑山庄山巅四亭为蓝本，取北枕双峰之意，构“天地旷观”亭，为全园制高点，由亭俯瞰，由乡土秋叶的山地景观，经蜿蜒的河道景观，至疏林草地和远处的湖区景观，山、水、原、湖皆在眼中，便有“心怀天下，景纳江山”点题之意。

3展园设计的思考

承德展园真正地将避暑山庄中的云帆月舫和双松书屋在邢台园博会进行了一次复建和修复，它在邢台留下了承德的历史文化和印记，是缩古纳今的一次活态展示，是对古典园林的一次致敬，是对皇室文化的二次诠释，希望借此为城市展园设计的新途径提供经验和借鉴。

图3 云帆月舫

图4 双松书屋

竞技场中的思考
THINKING IN THE ARENA

摘要：园林景观不仅仅是造景，设计师应关注设计作品最终的体验感。河北省第三届（邢台）园林博览会秦皇岛展园延续了探索实践参与性景观和康复景观这一秦皇岛展园设计传统，呈现出一座以花岗岩石景和花境为特色，融合了参与性和康复功能的园林博览会展园。

Abstract: Landscape design has a large difference and far better compared to landscape making. Garden designers should focus on exprience of design works. Exprience is the most important part in space environment. In the Hebei thrid garden Expo, Qinhuangdao garden extend the design method of participatory landscape and healing landscape.Featuring by granite scenery and flower border, this garden provides participatory function and healing function.

关键词：园林博览会，秦皇岛展园，参与性景观，康复景观，花境
Key words: Garden Expo, Qinghuangdao garden, Participatory landscape, Healing landscape, Flower border

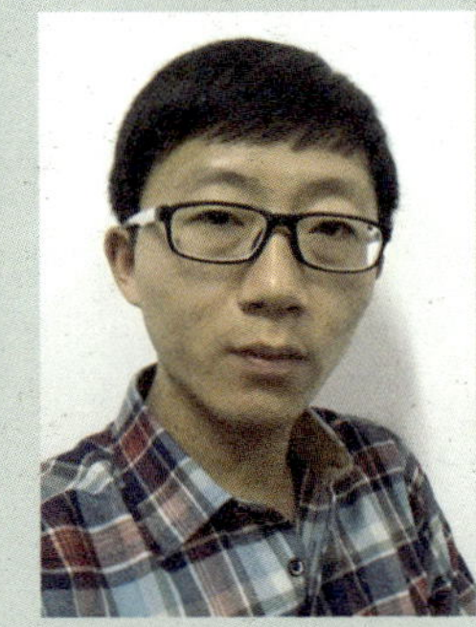

耿欣
GENG XIN
知非即舍（北京）艺术设计有限公司联合创始人、设计总监，与北京腾远建筑设计有限公司联合设计河北省（邢台）第三届园林博览会秦皇岛展园。

秦皇岛展园中的碣石山水园

“人走得太快的时候应该停下来，让灵魂跟上......”

前段时间发布的 2022 北京冬奥会的吉祥物，设计周期达到了 8 个月。而在园林行业中，一个投资几百上千万的展园，设计周期可能只有东奥吉祥物的一半。建设行业项目的重要性、危险性、复杂性、资金密度可能与其他行业不好横向比较，但确实有其异于寻常的“特点”。我们就像身处竞技场中，共同玩一场速度与激情的竞赛，接下来谈一谈作为展园设计师这一竞技场中角色的一些思考。

1 不满足于看

作为园林设计师，深刻感受到园林景观不等于造景，绝不是造景那么简单。园林景观的教育先驱，哈佛大学已故教授约翰·O·西蒙兹，在他的《启迪》这本书中说：“设计师设计的不是场所、空间，也不是设施的——他设计的是体验。”设计中所有的东西归根结底都是体验，而观看或者说观赏只是其中的一项内容，不是全部，也不是最终目标，所以我们不能做布景式的园林。

以 2007 年第六届中国（厦门）园林博览会中的《竹园》和《感悟迷你空间》为例。竹园的建成效果很美，很有设计感，有一些当时国内比较少见的新的形式语言，例如水中的沉水步道。竹园很安静，游人很少，很适合拍照。而一墙之隔的感悟迷你空间展园却十分热闹，好像很吸引人。法国设计师设计的这个展园结构非常简单，一个圆形的场地，外围一圈围合，一半是绿色植物的实墙，一半是竹构架的虚墙，这就是空间内容上的全部。但她在圆形空间的内部只做了一件事，放了 3 个可以 360 度自由摆荡的秋千，就使得展园的受欢迎程度大大提升，人们在那里欢声笑语，乐此不疲。这给了我们一点小小的思考，买票进入园博会的游人大多不是专业人员，他们并不是来接受园林教育的，而是来享受快乐。一个可参与的很简单的内容，就可以成为吸引大家的亮点。但并不是说观赏不能吸引人或是吸引人的程度不够，只是说要看还是要乐，要观赏还是要参与，这是一个值得我们思考的问题。

2005 年参观的德国联邦园林展，与我想象的完全不同，它就是一个欢乐的海洋，游戏的海洋，有各年龄段的学生在里面玩耍，大家开上去非常开心，也很喜欢这样的环境设计。园区中多数内容都能让人参与进来，湿地是可以进入的，林下空间是可以使用的，就连最最普通的边角绿地都布置了非动力游戏设施。

虽然做一个项目，“看”是最基本的，不是我们追求的终极目标，体验才是终极目标，但我们这次设计的河北省第三届园林博览会秦皇岛展园还是始于颜值的。设计沿用了秦皇岛展园一贯的设计传统：探索实践参与性景观和康复景观。我们希望省园博会的秦皇岛展园，能对参与性景观和康复景观做持续不断的探索。今年我们做了感官花园，明年会有一个针对抑郁症和抑郁情绪的绿色疗法尝试。

秦皇岛展园在开园时发给游客的三折页上有几条设计师的游览导语，跟大家分享一下。“园中5处最佳拍照点，等你过去拍拍拍！”这对普通游客来说是最大的吸引力。“沧溟楼（图2）后的平台是园中最佳观景点哦！”主动告知游客哪儿是展园的最佳观景点。“坐在颐天小筑室内的滨水茶座，又凉爽，又有美景相伴。”颐天小筑是园中另一处建筑，室内有滨水茶座，游客可以在里面休息，购买饮料、食品。“暖阳草坪前的游云剧场有时会有演出哦，看你能不能遇上。”颐天小筑前有一个演出平台，名为游云剧场，暖阳草坪则是游云剧场的观众席，如果时间刚好，你可以遇到秦皇岛海岸乐团的现场演出。“听觉园里能听出几种声音？快和朋友比比看！”在感官花园的听觉园中能听到很多声音，有风吹过杨树叶的沙沙作响，吹动风铃的清脆悦耳，有鸟语、虫鸣、水声、钟声，还有游客们的欢笑声，各种声音元素叠加起来构成听觉园的听觉体验。“躺在嗅觉园的躺椅上，体验一次植物芳香疗法吧。”我们营造了一处花丛中植物芳香环绕，水雾降温增湿的疗愈空间。“嗅觉园气味墙上的贴纸很神奇哦！刮一刮，闻闻看。”气味墙上的贴纸刮一刮，就可以有味道散发出来，很多游客非常热衷于体验这一项目，并且扫描二维码，就可以查询每一处贴纸是什么味道。“触觉园中3条德式森林漫步道和赤脚草坪，一定要光脚体验哦！”将发达国家成熟的绿色疗法内容引入展园。“味觉园中的小机器人，你知道是做什么用的吗？”这是机器人瓦力造型的昆虫之家，是给昆虫提供的筑巢场所，帮助维持生态系统的功能。“东入口的脚踏车蹬一下，有惊喜哦！”脚踏车同时也是跳泉的触发装置，游人可以蹬脚踏车开启跳泉开关，是一处参与性很强的互动景观。“如果能留下来夜游，绝对会让你惊艳！”整个展园的夜景效果十分突出，原创庭院灯投射到地面上的梦幻光影效果令人动容（图2）。遗憾的是，园区平时不开放夜游，很多观众，甚至是专家领导都无缘欣赏。

2 几点特色

2.1 山石和花境

2.1.1 花岗岩假山、置石、护坡、驳岸石

秦皇岛展园与其他展园所用的景石石材完全不同，用的是花岗岩，而不是普遍采用的千层石。秦皇岛所在的燕山山脉，以昌黎碣石山为代表，天然岩石都是花岗岩，圆滚、

图1

浑厚。所以，我们选择花岗岩还原这一地域特色。展园的主景假山用花岗岩堆叠而成，名为石瀑屏（图3），流水的石山好似一座屏风，障住了园中的景物。此山因花岗岩重量大、无棱角的特性，施工难度极大，但最终呈现出的独树一帜、浑然天成的视觉效果收获了各方赞誉。园中刻字置石全部选用花岗岩原石，不做表面处理，文化点睛浑然天成。园路护坡和驳岸石也都选用花岗岩，和假山、置石一起，构建出鲜明的展园石景风格。

2.1.2 以花境为特色的植物景观

在河北省园林博览会中，花境的植物造景手法还没有得到广泛应用。秦皇岛展园大量运用北方市场优选的多年生花卉和观赏草品种，打造花境景观，营造出以花境为特色的植物景观（图4）。

花境是以多年生观赏花卉为主，模拟自然界中野生花卉交错生长，运用艺术手法提炼、设计，营造出的一种体现季象变化之美的自然式花卉景观。所以花境绝对不等于花坛。它们最大的区别有几点：花境模拟自然界中的自然错落，花坛多人为规划成整形或半整形图案；花境以多年生花卉为主，花坛是一二年生花卉为主；花境注重丰富的立面效果，花坛往往比较低矮整齐，注重色彩与平面效果；花境最重要的是季相变化，花坛往往是同期开放，体现群体美，每季都需换花；花境管理相对粗放，花坛管理相对精细。

想提醒大家，做花境最忌堆砌，千万不能把所有植物材料都堆砌在一起，要注意收敛，控制密度，注重色系搭配，注重植物形态搭配，避免用花坛思路打造花境。

2.2 原创庭院灯

秦皇岛展园从河北省首届园林博览会就开始使用我们自己设计的原创庭院灯，灯上有大小不一的鸟形孔洞，能够把鸟形光斑清晰地投影到地面上。庭院灯点亮的一瞬间，鸟形光斑洒满整个展园，如梦如幻。白色的灯光投影到不同材质的铺地上，还会呈现出不同的颜色和纹理。

2.3 借景

园中的一处精彩的借景可谓妙手偶得。在颐天小筑的建筑设计中，有一处出挑的室内廊道空间，用作滨水茶座，两侧是封闭的墙体，中间是全落地玻璃窗。而在现场施工过程中，我们发现已经建成的气势恢宏的唐山园主体建筑和流淌至脚下的灵动河水，正好出现在廊道侧面的视野中，于是我们现场决定把该侧侧面封闭的实墙换成落地玻璃，收纳了这一震撼画面，形成了一处原设计之外的借景。开园后，很多游客察觉到了我们的用心，在这里驻足，欣赏拍照（图5）。面前开阔的水面，对岸园外的建筑，远处唐山园的主体建筑，都被我们借到自己的展园中，集萃成一幅精彩画面。

图2

2.4 新材料

秦皇岛展园使用了3种不常用到的造园材料：气味贴纸、弗维木和脚踏发电车，其中气味贴纸算是新材料。

得知气味贴纸这种材料源于参观上海自然博物馆中的一个临时展览，其中有专门介绍这种新材料的展览内容。设计这次秦皇岛展园的时候，还不知道这种材料是否量产，能否买到，于是特意在阿里巴巴上查了一下，竟查到了几家供应商。我们从厂家的产品中选择了15种不同气味的贴纸，打造出气味墙这一园中颇受欢迎的体验式互动景观。

弗维木是一种植物砼，在秦皇岛展园中用做铺地材料，因为它透水，又具备一定的弹性，还能看出特殊肌理，开园之后受到大家广泛关注。制作弗维木的原材料来自城市园林的废弃物，枯枝、落叶、草屑，秸秆等经过粉碎，通过固化剂固化成形，可现浇铺地，也可制成板材。使用这种材料，体现了我们对将城市园林产生的废物再生利用的新理念的认同和尝试。

脚踏发电车在城市公共景观中早有应用，在秦皇岛展园中，我们把它用做跳泉的启动开关。脚踏发电车的产品线已经非常成熟，有满足各种需求的型号可供挑选。

3 关注游人如何使用，一定会超越你的想象

我建议设计师一定要到自己设计的展园中多看看，不看不知道，游人的使用方式一定会超乎你的想象。园博会试运营当天一下涌来大批热心市民，展园管理不堪重负，我们的假山并没有让人可以攀爬的位置，但还是有人站到了假山上。有小孩子在玻璃桥上起跳跺脚，试探着结构是否稳固。和跳泉互动的小朋友，有的用手用脚堵住出水口，有的试着把杯盖和矿泉水空瓶放在出水口，让水流把杯盖和空瓶弹射出去。用手拍打跳泉水流的就更多了，甚至有小姑娘直接面对出水口，近距离迎着水流拍打，让人胆战心惊！还好跳泉的压力较小，不会伤人，但也给设计师一

个大大的提醒，一定要重视水景安全。开园当天，几株多肉植物就不翼而飞，机器人瓦力的脑袋也被卸了下来。有探索精神的人一定要进到植物丛中一探究竟。即使植物种得再密，也会被抄近路的人踩踏，拉警戒线、设障碍物均无效。没有想过要让游客进入活动的区域经常会出现大家的身影。如果水边有小石子，一定会被人往水里扔，给清理造成极大困难，这似乎是小孩子的天性，其他展园也遇到了这个问题，非常普遍，而且似乎无解。有的小孩子还会从远处找来更大的石头，往水里扔......

4 难得一见的最佳状态

设计师都想展园每时每刻都呈现最佳状态，但很遗憾，实际情况是，展园的最佳状态往往难得一见，这也是设计师需要反思的。我们希望展园呈现出自己最美的样子，让人们随时随地都能参与其中，但是绝大多数开园时间内，游人看到的并非设计师给展园拍摄的定妆照中的样子，也不一定能体验到和展园之间的常规参与互动。

天气，光线，游人量，养护状态都可能导致展园的平日景象远不及照片中的美丽。设备关停导致没有水雾，无法呈现梦幻般的场景，没有流水喷泉，无法感受水的灵动。水池未注满至最高水位，无缘得见无边界水池形成的海天一色。景观照明的关停，让有幸夜晚造访的游客也无缘欣赏如梦如幻的夜景。一些设施由于使用频繁或不当而损坏，因而停止使用。还有的为了规避损坏风险，也会不再让游客使用。

所以对设计师而言，在今后的展园设计中，有必要做高素颜分值，设备的满负荷状态仅当做锦上添花。尽量使用耐久性更强的材料，以应对高强度游览，尤其是刚开园和重要节假日期间。需要做到提前预判，做低风险、低维护的园林景观。

5 设计师想看到的≠建设方想看到的

开园第一天，大量游客涌入展园，可以说，没有比看到园中各项功能被游客自发、广泛地使用，更让设计师开心的了。当我把一张张游客在展园中热情得近乎疯狂地开心玩耍的照片发到项目群之后，得到的反馈却始料未及。除了设计师外，没有人对此报以赞赏和鼓励，大家都在担心水雾一开，大家都被吸引进了草坪，这么多人在草坪里，踩坏了可怎么办？这么多人坐在躺椅上，弄坏了怎么办？等等这类问题。最后下达任务，实施紧急管理措施，把所有游客都请出去了原本的上人草坪，暂时关闭了草地中的水雾，将一部分躺椅拿到了室内......这件事非常值得思考，不同的态度源于看待问题的不同角度，设计师希望游人能够深度参与环境体验，和环境之间实现充分的互动，从而实现设计意图，甚至是超越设计意图。而管理者看到的却是风险和担忧，担心刚刚建好的项目遭到破坏，关注的是

图3

图4

图5

图1 沧溟楼
图2 秦皇岛展园夜景
图3 石瀑屏
图4 花境
图5 欣赏借景画面的游客

一旦遭到破坏，修复所要投入的精力的成本。我想，展园的瞬时高强度使用问题，需要得到设计师更多的关注，看看哪些是可以通过合理设计解决的，又出现了什么新的材料、新的技术，使原本难以权衡的矛盾变得不是问题，需不需要增加某些提示，某种引导，甚至是某种人为的限制，而不是靠管理的随机应变。只有这样，理想和现实才有机会走得更近。

设计师最终拿出的可能是让大家能喜欢的方案，但这未必是他最开始想做的。比如，设计师往往更喜欢纯粹的东西，而纯粹的东西经常遭到质疑。设计师喜欢作品有特点，不怕被争议，而建设方害怕争议......导致设计师为了最终的项目推进，被迫糅合进所有人的观点、意见、建议和喜好，做出可能能让大家喜欢的东西，却丧失了它最开始也往往是最耀眼的特色和他最想要表现的东西。很多设计师有同感，往往修改之前的版本更理想。如果是一个靠谱的设计师做的设计，所有的东西都是自恰的，都是有逻辑关联的，这就不是改一点的问题，是牵扯到所有的系统都要调整，但往往我们修改时间又不足，很难将整个系统修改完善，所以往往不如第一版理想，因为那是他深思熟虑后呈现的结果。

6 竞技场比什么

无论是设计师，还是建设单位，或是施工单位，组织方，其实都会在无形中做着各种比较，最终呈现出的展园更是如此。比造价，比造园的体量，比丰富程度，比精彩程度？还是比谁的施工精细，园艺水平高，养护水平高，管理到位，文化内容多，艺术水准高，有宣传意义，有教育意义？以上这些往往会被提及，有些已经体现在了评委打分的内容中。那我们是不是还可以比比多样性、创造性、探索性、开创性，以及作品的思想性、时代性、娱乐性和对行业的引领程度？要不要比性价比，比巧思，比长效性，甚至是不是有盈利？之前做过一个竞赛项目，就是试图在展园里实现自负盈亏，用一些经营行为的收入支付展园的维护费用。要不要比社会口碑，比行业内部评价？我想，这些才是设计师更倾向于大家在园林博览会里去比较的内容。

在这里有几点特别提及，一是性价比。我并不认为投资越多，造的园就越好，而是性价比越高越能体现一个设计师的本领。二是巧思，是不是一个巧妙的构想就可以把一个园林景观做得很好，不需要面面俱到。我更希望频繁建造的展园是一篇小品文，一首小诗，清新淡雅，因为我们在这么紧张的设计周期内，可能做不出一部鸿篇巨制。三是时代性，设计要关注并回应你所处的这个时代，要勇于迎着时代的挑战去思考，去解决问题，比如最最敏感的环境问题，最最当下的社会问题......而不是绕道而行，即使我们可以选择也往往普遍选择后者，因为它更省力，或是更保险。

最后想说，对于一年一度的园林博览会，无论身处何种角色，荣誉属于那些真正在竞技场上拼搏的人。同时也希望大家多关注设计师群体，他们常年处于高周转、高负荷的工作状态之中，健康状况堪忧。不要等他们倒下了，再去关怀他们，他们也是最可爱的人，是帮大家解决问题的人，是大家的朋友。

构成艺术在庭院设计中的运用

THE APPLICATION OF FORMATION ART IN GARDEN DESIGN

摘要：住宅庭院设计是不同于古典庭院设计的，因为它的结构形式有地下层。想要设计出一个合理的住宅庭院，就必须从实用、坚固、美学这 3 个角度出发，因地制宜，适时改善庭院的空间格局，从而为人们创造出一个私密、舒适的庭院环境。

Abstract: Housing garden design is different than classic garden design due to there is sub level in its formation. A reasonable garden has to fulfill practical, firm and aesthetic aspects. The designer should adjust measures to local conditions and improve the space layout of a garden to make a secret and comfortable garden environment.

关键词：庭院设计、空间构成、半层空间、私密性

Key words: Garden design, Space formation, Half-floor space, Privacy

韦宇欣

WEI YUXIN

天津工业大学艺术学院环境艺术设计专业讲师，天津美术学院环境艺术设计专业兼职讲师，飞石（北京）景观设计事务所创始人，花园之道科技有限公司合伙人。在核心期刊发表多篇论文及专著，设计作品多次获得国内外景观专业讲师。

概念化模型

1 住宅庭院设计不同于古典庭院设计

我在大学教授的是住宅庭院设计这个方向的内容，可以说是一直活跃在一线的，我主要从事的也是住宅庭院设计的实践，在这个方面我见证了国内住宅庭院设计近 10 年的发展。

早期的住宅庭院设计是跟建筑形式设计紧密相关的。我们看中国的古典园林，包括苏州的私家园林和皇家园林，再看日本的园林，它们全部都是地上结构，没有地下一层，地下二层，甚至地下三层。而近几年的住宅庭院，它的建筑结构形式有地下一层，地下二层，甚至有地下三层的，所以当我们针对这种庭院形式来做设计时，在庭院的空间设计和构成上是不同于古典园林的。

2 住宅庭院设计的现状

一般来说，我们会通过丰富的地形、台阶和竖向的变化将庭院空间进行收缩和扩张，这可以帮助我们把庭院打造出曲径通幽的感觉。另外，我们还会通过一些垂直构筑物、水平构筑物和水景，比如叠水、镜面水等来塑造庭院，或者通过植栽的围合来营造小气候。现在我们做的案例大都以北京或者是北方的住宅庭院设计为主，当然上海也有，其实整个住宅庭院设计在上海的发展是早于北方的。

我们在进行南方和北方的住宅庭院设计的时候，很大程度上会受到气候的影响。比如说在南方我们会看到很长的梅雨季节，所以在亭台楼阁中观赏景观是很舒适的。但是在北方会有很长的冬季，在比较寒冷的情况下，阳光房的出现可以弥补人们在冬季庭院内的花园生活。

3 越来越多的人开始关注住宅庭院设计

我们做庭院设计也是因为近年来庭院越来越受到大家的关注，人们开始注意到庭院的亲自然性，并开始主动地将庭院带进生活。例如，阳台设计就是一种庭院设计，越来越多的人愿意把阳台打造成一个花园，并把这个花园带入到家庭生活中来。此外，还有屋顶花园设计、高层的小型住宅庭院设计，大尺度庭院设计、别墅的独栋设计、连排设计、双拼设计、上叠下叠空间设计、屋顶花园设计和地下层花园设计等，这些都属于庭院设计的范畴，并且在这些设计中，空间的变化会越来越丰富。

4 改变庭院空间的方法

当我们站在一个庭院空间中时，我们需要做的是为客户提供一个舒适的庭院环境。这个舒适的庭院环境怎么体现呢？包括实用、坚固、美学这 3 个部分，客户来告诉我们他的庭院需求，我们来给他创造出一个舒适的庭院生活。

近 10 年来，我们看到了很多别墅庭院的形式是这

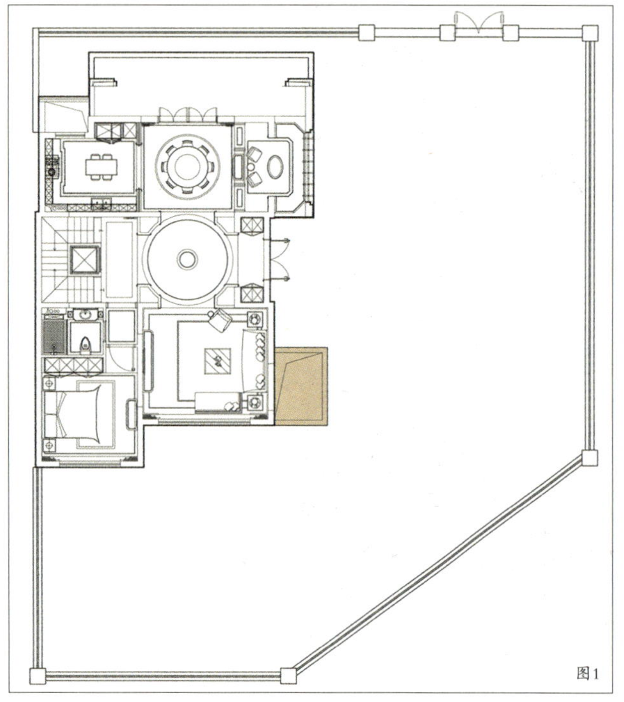
图1

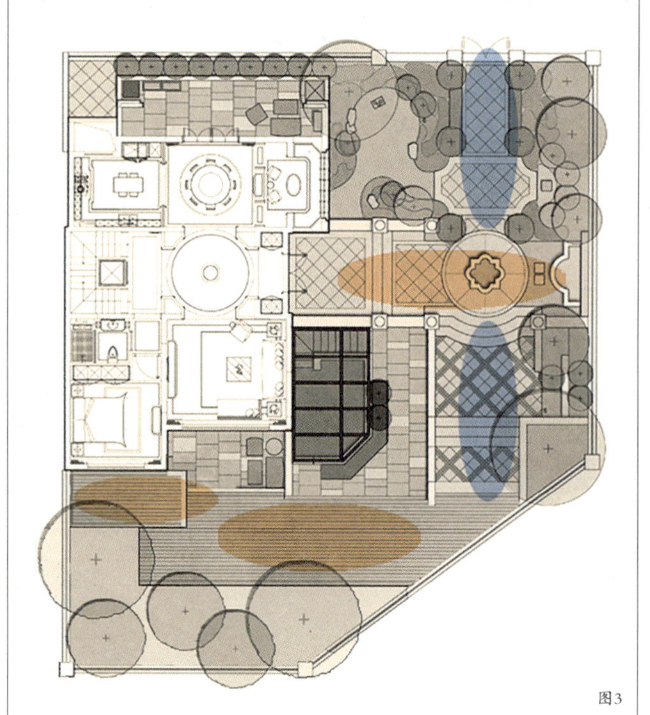
图3

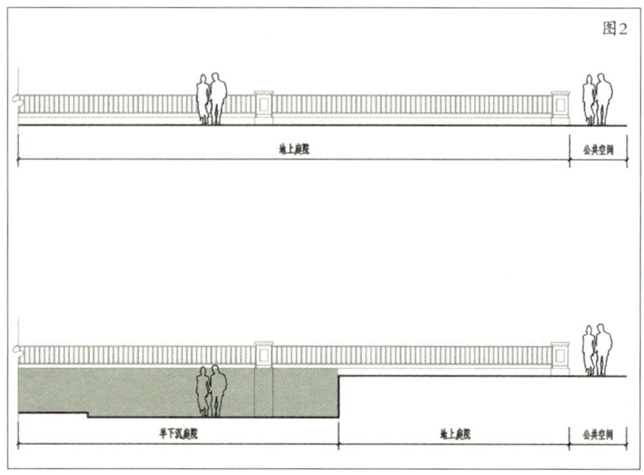

图 1 别墅平面图
图 2 庭院平层图
图 3 改善庭院空间格局
图 4 空间改造后的光线、视野分析
图 5 别墅改造平面图
图 6 室内效果图

样的：在一个空间当中，大概有 7 ~ 8 成的别墅会在平面上有一个很小的天井。这个天井是怎么出现的呢？很多情况下是因为开发商节约成本，使建筑有了地下一层，甚至地下二层而导致的。一般情况下，我们在做地上庭院设计时可以把庭院做得很丰富，像苏州的私家园林一样，通过理山理水和向上向下走的台阶、坡道使得庭院空间变得丰富起来。但是当这个建筑有地上一层、二层、三层和地下层的时候，地下层就几乎失去了它的作用，它们变成了黑房间。例如图中的橙色区域（图 1），这个区域大概有 $6m^2$、$7m^2$ 的大小，非常小，就是一个地下层的空间，这个空间在一天或是一年当中基本上就是黑房间。所以我们首先要做的一个改变就是调整庭院的空间格局和它的构成关系，消除黑房间。

如图所示（图 2），可以看到如果一个庭院是平层的，那么在庭院外面的人就可以看到庭院内的一切，庭院内人的生活会暴露在室外，私密性完全没有了，空间也没有了变化。想要改变它的整个空间格局，就必须把下沉庭院打开。这不是说从地上一层直接跃到地下一层，那样的高差过于突兀，会给人一种坑或天井的感觉。合理的做法是让它下沉半层空间，这半层空间不会造成很大的花费和工程浪费，但是整个空间格局改变了，庭院生活变得更加私密，人们可以将室内的私密感带到庭院当中去。

改变庭院空间的方法有很多，如图所示（图3），白色区域是地上一层花园，绿色区域是渐渐向下走的绿化空间，紫色部分是下半层空间，橘色部分是原先的地下一层空间，我们把它们打散，这样可以让阳光很好地照进庭院中来。做景观的时候，我们在庭院入口处种植大树并用丰富的植栽收紧空间，再依次打开空间，收紧空间，打开空间，这个变化过程会使庭院立即变得丰富起来。

5 改变庭院空间的意义

别墅庭院设计最大的改变是什么呢？就是刚才提到的构成问题，比如说原本的别墅在阳光照进来的时候，会形成地下黑房间，当庭院外的人经过时，庭院内的景象一览无余，私密性非常差。改造后我们把庭院空间打开了，阳光可以照射到别墅的地下层中，使原本的黑房间变得舒适起来，没有浪费地下层的空间。因为这种空间格局在国内占到7、8成的情况，所以该设计的目的主要就是解决这种问题。再者就是从外面经过的人看不到这个庭院内的生活环境和活动空间了，它的私密性增强了（图4）。

另外，经过一层层梳理以后，庭院的竖向空间变得更丰富了，通过构成的关系把空间打开，把下沉空间释放出来，出现了一个下半层空间，通过这个下半层空间可以进入到地下层的空间里，这样的做法使庭院的隐私性、生活感和舒适性都增加了。

这样的庭院设计非常多（图5），其中两个红色区域为前庭和后庭，它们都有一个深井的空间格局。我们希望改变这个深井的空间格局，所以同样设计了一个下半层空间，即绿色区域。人们可以从地上一层进入到下半层空间，再从下半层空间进入到地下层中去（橘色区域）。这也是一种打开空间的方法，并且这种方法可以最大限度地使空间丰富起来。

6 概念模型代替效果图

在大多数情况下我们展现给客户的是非常丰富的效果图，但是为了追求表现效果，会失真。对于客户来说他们想要看到的是别墅的真实效果，包括真实的尺度感，然后和我们共同推进设计。所以我们改用了概念化模型，让客户看到最真实的空间效果。我们在一天之内就可以通过模块把这个模型建好，建好后的模型能帮助我们推敲庭院的空间构成关系，并且这个模型不需要很长的时间来完成，它是模块化的，且更真实。

其实与之相似的户型真的非常多，有的有很小的一个天井，我们通过同样的方式，把不合理的天井空间合理化。当然，我们的设计手法是各式各样的，虽然我们对空间的功能分析可能是一致的，但是表现形式是多样化的。

当建筑有了下半层空间后（图6），窗户可以把更多的阳光带到室内。并且室内的感觉跟之前的天井大不一样，地下层是非常舒适的，夏季非常凉爽，冬季非常温暖。因为这个项目建成之后，第二个春天还没有到来，所以照片上的植物表现还不够饱满，我们只能大体地把它介绍出来，今后我们还会在这个方向上创造更多的好作品出来。

图4

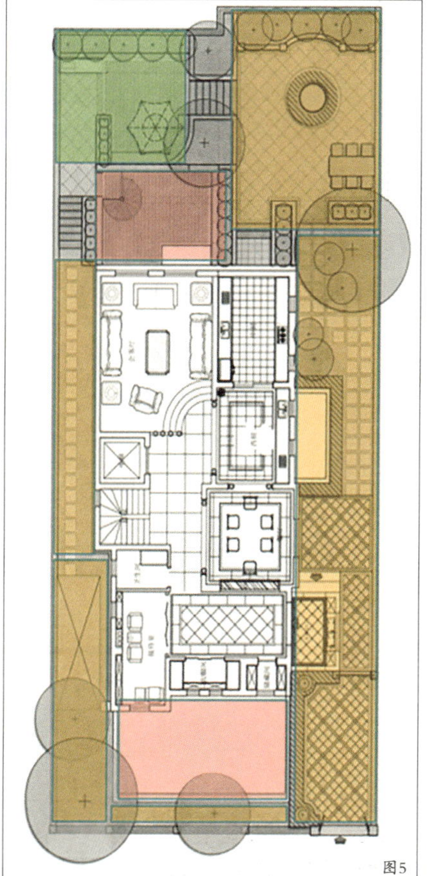

图5

图6

本土设计的力量

THE POWER OF LOCAL DESIGN

摘要：2017年2月12日，“艺·启过年——2017河北设计艺术节”在河北博物院、智行创意公社、博深国际文化创意产业园三大会场联动启幕，来自16个行业协会、政府管理部门的领导、专家学者共聚一堂，以展览、论坛、沙龙、交流等丰富多样的活动形式奏响河北设计艺术最强音。

Abstract: In 2017 February 12th, 2017 Hebei Design Art Festival was held in Hebei museum, Zhixing creative hall and Boshen international culture creative park. Specialist and scholars from 16 professional guilds, government management department came together utilizing multiples activities such as exhibition, forums, salon and exchange to celebrate Hebei design art.

关键词：设计、艺术节、传承、交融
Key words: Design, Art festival, Heritage, Intergrating

郝卫东

HAO WEIDONG

河北建筑大师，北方绿野建筑设计有限公司董事长、总建筑师。正高级工程师，从业近30年来，主持了国内多个大型项目，多个项目荣获省部级以上奖项。并在华中科技大学、石家庄铁道学院、河北建工学院、河北科技大学、河北工程大学、河北工业学院等多所高校兼任客座教授、研究生导师。

"艺·启过年——2017河北设计艺术节"开幕仪式

1 积蓄本土能量

2016年12月17日，河北设计艺术界大咖们齐聚奥克兰风情小镇，共同商讨是否可以集结更多的人组织一场活动，在春节前后面向社会发声，希望通过活动汇集河北更多设计界、艺术界力量重新定位、一起起航，共同推动河北发展。

2017年春节之后，一场轰动全国的活动——"艺·启过年——2017河北设计艺术节"在石家庄举办。这场活动由来自16个行业协会（河北省建筑装饰业协会、河北省工程勘察设计咨询协会、河北省风景园林学会规划设计委员会、河北省工业设计协会、河北省家具协会、河北省工艺美术协会、河北省土木建筑学会建筑师分会、河北工艺美术学会、河北高校教师设计联盟、河北美术家协会陶瓷艺委会、河北数字艺术设计专家委员会、河北省建筑装饰业协会陈列展览专业委员会、河北省建筑装饰业协会幕墙专业委员会、河北省建筑装饰业协会设计专业委员会、河北省建筑装饰业协会住宅专业委员会、中国建筑学会室内设计分会河北站）的负责人联合筹办。16个行业协会属于不同设计及艺术方向，希望通过这样一场活动引发各自不同的思考，消融彼此的边界，共赴一场"艺启"空间之旅。

河北设计艺术节组建了阵容庞大的策划团队，王跃先生担任总策划，由张万昆、黄兴国、郭卫兵、郝卫东、孙铮、晏钧、张迎军、刘昆等老师担任策展人，组织了整体视觉设计、活动执行、宣传片制作、摄影摄像等庞大的执行团队，大家分头协作将活动有条不紊进行推动。

2 设计的力量

2.1 艺启过年LOGO

艺术节活动，集合了16个行业协会的力量，设计策划了"艺启"过年的LOGO（图1）。LOGO明确了以传承·交融·跨界作为主题，向社会发声的，同时中国工艺美术大师谷守刚大师撰写的书法（图2），也作为这次活动的LOGO之一。活动结束之后，"艺启"过年的LOGO同时入选《国际设计年鉴》、《2017平面设计界》两本书籍，入选一本分量如此之重的国际年鉴已是不易之事，而艺启过年LOGO同时入选了两本。

2.2 设计力量

随着活动的推广及展览活动即将启动，相关书籍也陆续开始筹备，最终形成了第一本来自河北各个不同设计领域、不同艺术方向的汇集书——《设计的力量》（图3）。

图1

图2

整场活动各大媒体给予了井喷式报道，15天内微信宣传文章的点击量超过了5万次，传播量超过100万人次，受到了省内外甚至国际朋友、媒体的关注。

3 解读城市故事

3.1 “艺·启过年——2017河北设计艺术节”开幕仪式

2017年2月12日，河北设计艺术节在河北博物院、智行创意公社、博深国际文化创意产业园三大会场联动启幕，共同奏响河北设计艺术最强音。

作为艺术节的主会场，2月12日上午在河北博物院一层共享大厅隆重举办了“艺·启过年——2017河北设计艺术节”开幕仪式，开幕式邀请了时任河北省文化厅党组书记王离湘先生亲临现场，中国戏剧家协会副主席、上海戏剧学院教授、博导韩生和北京无上堂艺术机构创办人、中国陈设艺术专业委员会执行秘书长佘文涛在现场分别做了题为《基于地方个性资源的艺术创作与项目建设》和《从心开始·生活艺术 》的主题演讲，激发了在场听众对文化与艺术发展现状以及设计与创造源动力的无限思考。来自16个行业协会及政府管理部门的领导、专家学者齐聚一堂，在河北省博物馆共同见证了河北第一次设计艺术节的开幕盛况（图4）。

3.2 视觉与创意的饕餮盛宴

在上午的开幕仪式之后，与会嘉宾及参展人员乘坐大巴转场博深国际文化创意产业园进行实地观展。作为此次艺术节的两大落地展馆之一，博深国际文化创意产业园内陈列了工业设计、建筑设计、风景园林设计、室内设计、陈展设计、陈设艺术设计、家具设计、陶艺、幕墙设计等众多行业的优秀作品，为参展人员奉上了一场视觉与创意的饕餮盛宴。与此同时，作为2月12号的重头戏之一，在产业园内还举办了陈设艺术与生活茶话雅集。古雅简素的茶空间之中，上演了一场生活艺术与艺术生活的思想交流盛宴。在场设计师同艺术同仁一起品茶、谈设计、说陈设、论生活。现场展出的陶艺品、艺术挂毯、当代绘画、铁板浮雕等艺术作品与古雅简素的茶空间相融相和。

作为12日观展之行的最后一站，也是此次艺术节的第二大落地展馆，智行创意公社同样为观展人员悉心打造了有关平面设计、家具设计等的艺术成果展、艺术展演，为“艺·启过年——2017河北设计艺术节”的开场画下了圆满的句号。

3.3“传承·交融·跨越”的主题论坛

整个河北文化节活动期间，诸多论坛、交流活动同步展开。

2月13日，来自60年代、70年代、80年代以及90年代的设计者，跨越年龄与时代的限制，融合建筑设计、室内设计、平面设计、学术研究等多重领域，围绕“传承·交融·跨越”的主题进行探讨与分享，“艺启”启承设计界的新生力量。

河北设计艺术节组委会特邀中国管理科学研究院特约研究员、中国策划学院教授、清华大学特聘教授、中国当代弘扬易学文化突出贡献人物、央视《家装总动员》特约嘉宾王瑞民先生带来《风水给我们的能量》主题演讲，围绕命理运数、空间和时间结合等方面进行了实例解析与理论讲述，现场嘉宾进行了互动交流。

2月14日，另一场学术盛宴在省博物院举办，会议由黄兴国先生担任主持，郭卫兵、郑占锋、孙铮、段建坤4位嘉宾分别从建筑空间设计、环境发展战略、家居陈设、平面设计等方面进行了深度剖析与讲解。

在智行公社，一场轻松、有趣的活动也在展开，许广彤老师做了主题演讲《年年有鱼》，今年他的作品代表河北省在故宫进行展陈并收藏，为河北争得了荣誉。香灰烧艺术总监袁艺夫老师为大家分享了《香灰烧心得》，从原料的采集到最后成品的制作以及香回烧吉祥之意如何得来，跟大家做了详细的介绍。

2月15日上午，“数字艺术与设计教育现实与未来”主题论坛在智行创意公社圆满举行。河北数字艺术设计专家委员会主任、河北师范大学美术与设计学院数码媒体系主任张爱民，河北科技大学艺术学院视觉传达设计系主任郝琮，河北地质大学艺术设计学院副教授、视觉传达教研室主任赵志策就数字教育，数字艺术方向以及教育未来的方向做了深入的分析和探讨。

2月15日下午，“艺启建构未来”主题沙龙在博深国际文化创意产业园23站茶空间举行，河北省工程勘察设计咨询协会副理事长、北方绿野建筑设计有限公司董事长总建筑师郝卫东与石家庄铁道大学建筑与艺术学院副教授刘昆担任主持，现场茶话活动为大家营造了一个乌托邦的环境，共同开启一场思维的漫游之旅。

博深国际文化创意产业园展区的设计艺术成果展有30多个企业及个人艺术家参展，参展领域包括建筑设计、平面设计、工业设计、地毯设计、陶艺设计和艺术展陈，还有一些“非遗”传承的现场分享（图5）。

在艺术节活动结束之后，16个行业协会的代表单位纷纷走进河北地质大学、河北师范大学、河北科技大学等高校，把《设计的力量》图书分别送给了各高校的师生们，这套书同时也被河北师范大学图书馆所收藏。河北设计艺术节得到了诸多企业与媒体的支持，在此再次表示诚挚的感谢。

河北省第三届（邢台）园林博览会得到了国内外的关注，作为河北人我们由衷地感到骄傲，欢迎来自全国各地的学者专家继续关注并支持河北。作为本土设计力量，希望大家再度集结，为本土的建设继续努力，为河北更好的明天一起发力。

图3

图4

图1 “艺启”过年LOGO
图2 “艺启”过年LOGO
图3《设计的力量》
图4 设计艺术成果展

地域景观与民间艺术

TERRITORY LANDSCAPE AND FOLK ART

摘要：想要城市在人们心中留下深刻的印象，其关键就在于城市的地域景观与人文特征。在风景园林领域，园林植物景观同样具有明显的地域性，如果把民间艺术的符号应用到地域景观中，与当地文化相协调，就会创造出许多优秀的作品，且这些作品一定会具有明显的地域性和鲜活的城市特点。

Abstract: Urban regional landscape and humanistic characteristics are the two key elements for keeping deep urban impression on people. Plants have obvious regional characteristics in landscape industry. Utilizing folk art symbol into regional landscape and coordinate with local culture is helpful for creating many great works. Furthermore, these works will contained obvious regional characteristics and vivid urban characteristics as well.

关键词：民间艺术，地域文化，城市特色

Key words: Folk art, Regional culture, Urban characteristics

李成

LI CHENG

山东建筑大学风景园林学科负责人，教授、工程技术应用研究员、风景园林规划研究所所长、艺术学院副院长。

潍坊风筝广场主题雕塑

一个城市如果能在人们心中留下深刻印象，其关键就在于城市的个性特质、鲜明的地域景观与人文特征。在风景园林领域，园林植物景观同样具有明显的地域性，如果把民间艺术的符号应用到城乡景观中，与当地文化相协调，就会创造出具有鲜明的地域景观与人文特征的作品。比如西安和潍坊这两个城市,它们都具有一定的代表性。

1 西安地域景观与民间艺术符号

1.1 大雁塔

大雁塔是西安最具代表的地域景观与民间艺术，它于2003年重新规划修建（图1）。在大雁塔中有大量的民间艺术与城市景观相结合的痕迹，比如皮影雕塑、社火脸谱马勺雕塑、年画门神雕塑等。

皮影雕塑的样式分为很多种，例如入口处的皮影雕塑（图2），它分为前后两部分，采用拼贴的形式将演艺艺人与皮影人物融为一体。不仅将皮影造型呈现出来，而且将皮影戏演艺的场景概括再现，并以背景单色来凸显皮影色彩的艳丽，给人一种视觉上的震撼。而民俗园中的皮影雕塑，则采用了单色调，形式上略显单一，只是将造型提取放大，使其具有一种艺术展示效果（图3）。

社火脸谱马勺雕塑也是比较著名的民间艺术，马勺脸谱将色彩绚丽的马勺与现代材料相结合，并且将它放大，进行形式组合，这样一组雕塑，冲击力是很明显的。

还有年画门神雕塑，设计者将门神雕塑平面的年画立体化，并放大比例用雕刻的形式表现门神的威武神奇，属于用造型提取法来产生这种雕塑的效果。

另外，在大雁塔的座椅、导向牌、电话亭等公共设施中也用了许多民间艺术的符号。比如大雁塔广场的指示牌，设计者将山西传统的剪纸图案抓髻娃娃做成指示牌，这些图案既有指示功能，又提升了指示牌的艺术性和趣味性。

1.2 大唐芙蓉园及环城西苑公园

西安的大唐芙蓉园是大家比较熟悉的地方，它是西北最大的文化主题公园，在这个公园中，剪纸、泥塑、农民画的运用也非常的普遍和广泛。还有环城西苑公园，也是一个集城市绿地，休闲娱乐为一体的现代化城市景观园林。在环城西苑公园中，最突出的就数“艺之壁”，它是一处以陕北剪纸、皮影、秦腔等元素为创作背景，采用写意的手法，将一幅幅神话传说、民间故事场景结合现代材料拼贴在一起的作品。“艺之壁”上的人物夸张且富有表情，不但具有浓厚的地方文化色彩，还具有趣味性。

1.3 曲江寒窑遗址公园

曲江寒窑遗址公园也是一个著名的公园，它是一个以爱情文化为主题，集遗址保护、旅游开发、文化产业建设为一体的爱情主题公园和幸福产业基地。公园中有一组效仿剪纸风格的“惊世情缘”大型浮雕墙，浮雕墙的背景用的是毛石贴墙，前面的剪纸用的是镂空雕刻，既能形成形式的对比，又能形成色彩的对比，冲击力特别强。“惊世情缘”采用了4个故事把它串联起来，形成了一个著名的景点（图4）。

1.4 西安城市景观中的民间艺术符号

当然，民间符号在城市景观小品中的应用也十分广泛，比如在丝绸之路的起点处有一个雕塑，它采用了虎头鞋的民间艺术形象（图5），把虎头鞋放大了，它的色彩冲击力很强，寓意也很好，象征着丝绸之路的起点，从此走向世界。还有大雁塔广场展示的凤翔泥塑老虎雕塑、高新大道的社火马勺脸谱雕塑以及安塞腰鼓雕塑，这些都是著名的民间艺术。安塞腰鼓雕塑在设计的时候运用了两种形式，第一种是通过人物表现打腰鼓的形象。另一种是提取神韵，将腰鼓上的红飘带做成一种雕塑。除此以外，其他浮雕柱，座椅、铺装等也都用了大量符号化的形象。

2 潍坊的地域景观与民间艺术

2.1 潍坊世界风筝都纪念广场

提到山东潍坊大家可能会想到潍坊的风筝，这是一项重要的民间艺术，包括剪纸艺术。潍坊有一个非常著名的风筝都纪念广场，广场中有一个主题雕塑，设计者以蝴蝶风筝为主题进行创造和符号的提取，由此设计出了这个主题雕塑，它的地域性特征非常明显。

广场中还有高密剪纸雕塑，高密大家比较熟，一想到红高粱就想到高密，高密的剪纸非常发达，它同样体现了一种民间的工艺文化。

另外，广场中还有一组以儿童活动展示为主的雕塑，其中囊括了泥老虎、放风筝、抽陀螺等场景，把它们的形象提取出来，做成雕塑放到城市景观中效果也很不错。

2.2 潍坊火车站

去过潍坊的人可能都见过潍坊火车站，它是百年老站。火车站的整体造型轮廓借鉴了蝴蝶风筝的图案（图6），把整个建筑非常抽象地塑造成了蝴蝶的形象，从总平面上来看俨然一只栩栩如生的蝴蝶。伸向站前广场的钢结构天桥和钟塔好似蝴蝶的两只触角，屋顶玻璃天窗的排布好似蝴

图1

图2

图3

蝶身上的花纹，蜿蜒起伏的屋面好似振翅腾飞的翅膀。

火车站的室内装饰也采用了风筝剪纸的图案，室外广场地标中引用了风筝的铺地景观，当然这种表现形式不一定很科学，但这是一种应用，因为这种铺地在实景应用中打理起来非常不方便，而且通过磨损可能影响效果。还有火车站广场的艺术长廊，也运用了风筝的元素。

2.3 潍坊的市民文化艺术中心

市民文化艺术中心的建筑体量比较大，建筑中无论色彩还是造型艺术都大量地运用了一种民间的色彩符号，比如红、绿、橙等。这些色彩很少在现代建筑中用到，是典型的地域民间色彩。还有景观灯，设计者将不同时代、不同形式的剪纸和风筝两项民间艺术的造型和特点提取了出来，并用现代设计手法进行演绎，对其形式、工艺、元素进行保留，最后用到灯上形成了一个系列的景观造型。

3 民间艺术的类型及应用形式

现在简单地进行一个地域景观和民间艺术的关联分析。民间艺术符号是文化景观的重要组成部分，而文化景观是城市景观的一个重要类型。我们一直在强调文化，其意义在于追忆、展示和传承本地域其优秀传统文化，借助景观载体传达具体景观的特定信息并体现其文化意义。

整体来说，民间艺术的表现形式大约有3种：第一种是平面艺术形式，如年画、剪纸、皮影、脸谱、印花布等都是平面形式。第二种是立体形式，包括民间玩具、面具、陶瓷、生产工具等。第三种是综合艺术形式，如地方戏剧、民俗活动、民间传说等。通过这几种类型，我们可以看到民间艺术是地域精神、地域个性特征的重要载体，其艺术形式所蕴含的丰富文化符号是创造城市景观设计的文化来源，它对于形成鲜明的地域景观、体现城市文化特色发挥着重要的作用。

另外，我们还可以看到民间艺术的几种应用形式：第一种应用形式是调整尺寸、数量和纬度。本来尺寸很小的，变成多倍放大；原本数量单一的，变成多倍数量；原本二维平面的，变成立体三维，比如用厚的钢板镂空成了三维立体雕塑，以增加纬度和形式的组合。第二种应用形式是主题拓展。这一部分以雕塑最明显，它可以展示主题文化、渲染主题场景。第三种应用形式是调整布局。我们可以根据地域差距的变化，调整景观的各种布局，这也基本符合我们园林景观的布局形式。

随着科技、材料与经济的发展，民间艺术符号的应用形式越来越多，越来越灵活，也会贡献越来越多的生活美学智慧，相信也一定会创造出更多更优秀的作品，并且这些作品一定具有明显的地域特征和鲜活的城市特点。

图1 西安大雁塔广场
图2 入口皮影雕塑
图3 民俗园皮影雕塑
图4 “惊世情缘”浮雕墙
图5 丝绸之路起点虎头鞋雕塑
图6 潍坊火车站平面图

图4

图5

图6

游园寻梦——园林艺术馆

SEEK DREAMS IN GARDEN: LANDSCAPE ART MUSEUM

摘要：充分利用了现代的设计理念和展示手段，建设成有地域特色、业内一流的场馆，避免“千馆一面”的情况出现。

Abstract: Designers fully used modern design and expression method to construct a first-class museum with local characteristics, which also avoid same museum compared to the others.

关键词：园博园、设计、布展

Key words: Garden Expo, Design, Exhibit

张磊

ZHANG LEI

金大陆文化产业集团市场总监

梁国良

LIANG GUOLIANG

金大陆文化产业集团设计部项目负责人

邢台园博园园林艺术馆

通过邢台园博园园林艺术馆和太行生态文明馆陈列布展，得到了一些经验和大家一块来分享。

园博园陈列布展项目的建设特点是时间紧、任务重、从零开始，所以做好周密的工作计划十分重要。

在两馆项目建设之初，项目团队就已经制定了科学的项目推进计划。在展示形式方面依次开展初步概念设计、深化设计、版式设计、施工图设计以及重点亮点展示内容的深化创作。

园博园建设的成败关键在于内容设计和形式设计两个方面，本展览充分利用了现代的设计理念和展示手段，建设成有地域特色、业内一流的场馆，避免“千馆一面”的情况出现（图 1）。

1 保证工期的措施

1.1 建筑方案的设计论证

博物馆的建筑设计要和布展内容相融合，在博物馆建筑设计之初、多方人员（建设方、大纲编写专家、建筑设计单位、布展设计单位）对博物馆建筑的外观风格、面积、功能布局、人性化服务设施等方面进行了沟通，使得建成后的博物馆建筑与陈展主体内容相契合。

1.2 大纲编写与展品征集

邢台园博园内的展馆都是新建馆，是从零起步，没有像文博类博物馆已经有成熟的展览体系和丰富的藏品。所以，首先请相关专业的专家学者，编制科学的展陈内容大纲，再根据大纲内容需求制定详细的展品清单及征集方案，并同步进行了照片、图片的征集和拍摄工作。

1.3 陈展形式设计

依据展陈大纲要求，对陈展主题结构（故事线）进行巧妙的提炼、设计和演绎，以点、线、面的方式对空间进行合理规划，做到了展线明确、布局流畅，突出陈展的重点和亮点（图 2）。

1.4 版式设计方面

在内容设计的基础上，精简确定每个展板、灯箱文字和图片内容，并对标题和全部内容进行英文翻译，确保文字简练、翻译准确、图片精美。在展板、灯箱的文字编校工作中，做到了通俗易懂，不用或少用专业术语；另一方面尽可能减少文字数量，展板、灯箱的说明文字控制在 100 字以内，个别实在减不了的也不超过 200 字。

1.5 重点亮点展项设计

除传统的展板、灯箱展示外，本次应用的展陈形式有场景复原、雕塑绘画、模型、声光电多媒体、数字虚拟化等展示手段，以科学性、知识性、互动性、趣味性、观赏性的设计原则，拉近与观众的距离，提高展示的效果（图 3）。

邢台园博园两馆在建设期间，共完成了 47 项影视类、声光电多媒体、动画、模型、雕塑、场景类等重点亮点展项，这其中每一项展示形式的完成，都需要认真地编制内容脚本，进行创造性的设计与制作（图 4）。

由于科学的计划和保证措施，使得邢台园博园园林艺术馆在 2 个月的时间内完成了正常需要 6 个月才能完成的陈列布展工作，并得到社会各界的认可。

2 陈列布展设计理念

中国园林自商周时期开始至今已有 3000 多年历史，是中华文化的重要组成部分。园林艺术馆以“游”和“寻”为展览主线索，在有限的展厅内，以无限的虚拟空间突破展厅局限，浓缩中国园林 3000 多年的变迁，让人们感受到园林的晨昏之美、四季之美。展馆遵从借、透等园林空间表现手法，立足中国园林“天人合一”的哲学理念和“虽为人作，宛自天开”的造园技法，系统解析中国园林的文化艺术特色。

策展原则，一共有 4 点，第一是馆园共建，以馆带园。将展馆内部陈列与园博园规划以及城市的发展建立联系，做到馆中可窥园，园中可忆馆！馆园互补共建，服务园区的城市形象宣传。第二是定位突出，特色鲜明。定位上关注与国内其他同类型展馆的差异化；以游览、探寻为特色，从多个角度、多种形式表现河北园林历史悠久、文化多元的特征。第三是以游为本，以园为主。我们以中国园林历史进程为脉络，以园林场景复现和园林文物解析为

图1

图2

图1～4园博园陈列布展

支撑，让观众在馆中欣赏园林之美，呈现情景交融的文化体验。第四是文娱坚固，动静相宜。考虑到园林知识科普的需要，在内容科学丰富的前提下，引入体验、游览式展陈理念，建立人与园林之间的时间通道，让展览具有故事性和感染力。

策展思路，采用“游赏线”与“文化线”双线并行的讲述方式，将园林变迁与园林文化有机结合，复现中国园林名盛，阐释中国园林文化丰富内涵，揭示河北在中国园林文化起源与形成中的重要地位，打造一座全新的情景交融的园林文化博览馆！

空间设计，通过对建筑结构的分析，充分利用现代的设计理念和展示手段，运用园林中折廊和曲廊的元素，以不规则面线进行切分，营造曲径通幽的艺术效果。使得展览内容和展示空间契合一体，再通过对构成园林的山石、水池、路径、桥等元素艺术几何化的穿插运用，配合材质、灯光、高度的变化营造出有起伏、有节奏、有收放的展览结构。能够让观众在亦真亦幻的氛围中倾听中国园林的故事，感受中国园林的魅力。

得其意，忘其形——河北省第三届园博会邢台园设计构思浅析

GET THE MEANING, FORGET THE FORM: BRIEF ANALYSIS OF XINGTAI GARDEN DESIGN THINKING IN HEBEI THIRD GARDEN EXPO

摘要：本文从 3 个层面介绍分析第三届河北省园博会邢台园从诞生到建成落地的过程。第一个层面是方案的构思与设计，从项目概况、策略分析、构思生成、构思调整、设计生成、七大分区等方面对邢台园设计方案的设计进行了解读；第二个层面是设计与施工，剖析了项目落地后 5 大遗憾:完成度之憾、植物造景之憾、建筑灯光之憾、地形塑造之憾和新技术、新材料之憾；第三个层面是思考和心得，从团队的专业性、施工和设计的周期、施工条件等方面提出自己的思考与设计心得。

Abstract: This article analyze the birth and construction of Xingtai garden in the Hebei third gardne Expo from three aspects. First aspect is thinking and design of this garden, which including project situation, strategy analysis, concept creation and adjustment, design creation and seven areas. Then the article expounds design and construction of Xingtai garden, express five regrets in this project which are completeness, plants, building lightings, geographic making, new technique and materials. In the end, author writes about her thinking and gained experience of this project from team professional, construction and design cycle, constructing condition.

关键词：园博会、邢台展园、风景园林规划设计、园林施工

Key words: Garden Expo, Xingtai garden, Landscape planning and design, Landscape construction, Garden construction

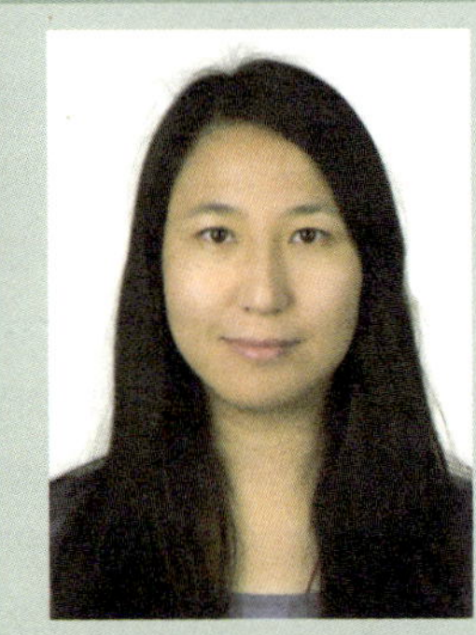

邵丹锦

SHAO DANJIN

清华同衡规划设计研究院生态景观所所长、清华大学建筑学院绿色疗愈与康养景观研究中心副主任，清华大学博士后 / 主要研究方向为风景园林规划与设计、风景园林种植设计历史与理论研究、生态修复规划与设计、园林史、康养景观设计等。

总鸟瞰图

1 邢台园构思与设计

1.1 项目概况

第三届河北省园博会主题是“梦回太行 · 园来是江南”。邢台展园作为东道主园，其区位脱离了城市展园的区域而独立于邢台怀古区和山水核心区之间，承载了两个区域的衔接和展示的功能。设计面积约为 $3hm^2$，东西长约 300m，南北宽约为 150m。整个场地地势平坦，根据上位规划南侧紧临主园区水系，中央有一条水系自西向东穿过整个场地，形成双溪环抱的狭长型带状空间，也为整个景观设计节点的布置和空间利用带来非常大的困难。

1.2 策略分析

根据场地概况，整体布局为蓝绿交融，线形串联式空间布局。设计策略分为 3 个层次，一是临路景观：邢台园只有北侧直接与一级园路（6m 车行路）相连，临路界面是人群经过的重要界面，因此，需重点打造临路界面景观，吸引更多人群进入展园。根据交通现状，邢台园主要出入口应设在西北与东北方向。二是双溪环抱的格局：场地平坦，靠近主景湖区，内有蜿蜒的水系穿过，犹如邢台的历史长河，南侧有河水形成天然屏障，拥有优质的水资源。沿中心溪流两侧易形成整个场地主要的观景界面。三是文化脉络展示：要体现邢台文化展区的特色，尊重邢台本土特色及怀古情怀，追溯历史的同时，展现新时代新园博，实现展示新技术、新潮流和地域文化的目标。

1.3 构思生成

前几届园博会邢台展园均以一个文化点为主题。本届展园不管在面积、规模还是容纳的内容上都有大幅度的增加。根据市领导的要求，希望本届邢台展园可以将邢台下辖的 19 个县市区的文化和特色都展示出来，这对于一个展园的设计来说是一个非常大的难题。因此，第一版的设计构思上设计师将每个县所能代表的文化元素都进行了挖掘和提取，并将这些元素按照邢台行政地图的区位关系进行了平面的排布和景点的串联，试图为每一个县市区都留一块展示自己的区域。完成之后并没有一个大的成型的设计理念，这又给整个邢台园邢台文化完整性展示提出了一个难题。

1.4 构思调整

设计师迅速的调整了设计的方向和理念。将设计理念的生成集中在了 5 个层面，一是从行政区划方面，将邢台 19 个县市区所要展示的内容按照历史、文化、人文等方面进行了分类；二是对邢台地域文化进行分析，剖析了“邢台山水泉城之说来自邢台”的山水格局，进而孕育了太行文化、百泉文化、陆泽文化以及一些特有的民俗文化；三是探寻中国古典园林起源——园林雏形，沙丘苑台，然后通过这一线索阐释了中国古典园林发展的三个源头——囿、台、圃，并将这些元素重塑，运用到本次设计中；四是挖掘邢台历史名人，聚焦唐代名相宋璟的《梅花赋》的历史地位；五是邢台的非物质文化遗产，梳理最具地方特色的“非遗”资源，窥视古老的文明记忆，从中提取了非物质文化遗产能够保护、展现、传播和传承的一些内容。

设计主题与周边相呼应，通过一个历史线索，将邢台怀古、顺德盛景、邢台新晖 3 个篇章依次展开，最终确认

“醉美泉城古韵，魅力邢台绽新晖”的主题。

1.5 设计生成

总平面图的构图以“扩水成岛”为思路（图 1），形成主入口展示区、邢台印迹展示区、历史名人区、山水文化区、园林文化区、新晖区和非遗展示区 7 个片区（图 2）。

景观游线分析，园区形成了一级景观节点区和二级景观节点区。西北出入口泉城艺苑与听泉馆、百泉鸳水、梅亭碑影、大陆澄波、迎晖阁、畅音戏台等组成了园区的一级景观节点。千秋廊、汇芳榭、任城寻踪、观澜亭、邢瓷印象、玻光山影、园囿之源、思源台、乱弹艺韵、鼓韵遗风、梅拳演义等组成了园区的二级景观。布局特点为“凡诸亭槛台榭，皆因水为面势”，场地道路将邢台园各个景观节点景串联起来，形成完整的景观游线。空间隐显结合，虚实相间，藏露掩映，带来步移景异、酣畅淋漓的观景体验。

竖向设计上将原本比较平缓的一个场地，通过堆土叠山的设计手法将场地陆地与水面高差拉伸为 8m 左右，园内水系聚中有分，使整体水系分为 3 个层级，最终营造一种“半亩方塘一镜开，天光云影共徘徊”的景观意境。

图1

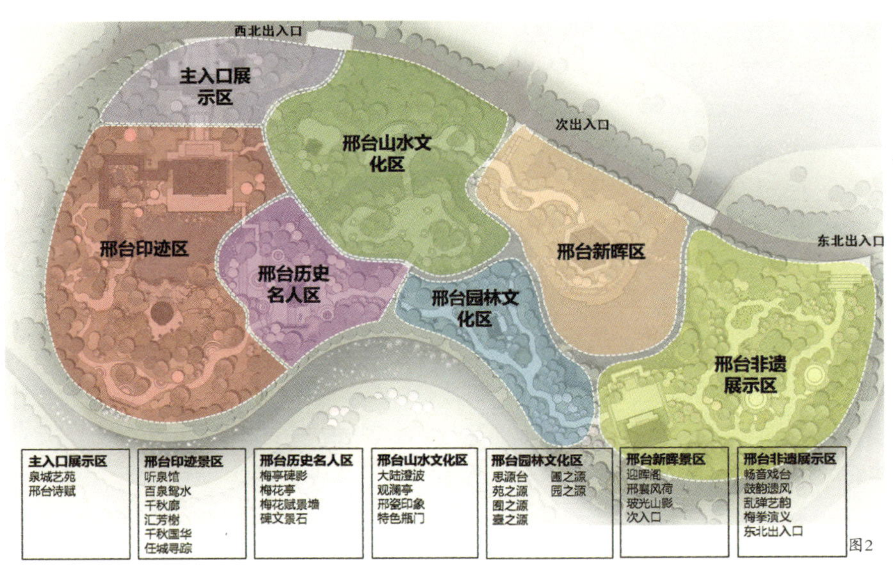

图2

图1 总平面图
图2 邢台园分区
图3 印迹景区
图4 梅亭碑影
图5 大陆澄波
图6 邢瓷印象
图7 新晖景区
图8 畅音戏台
图9 乱弹艺韵

图3

图4

图5

图6

1.6 七大分区

1.6.1 主入口展示区

邢台古有泉城之名，本届邢台园取名泉城艺苑。主入口区是泉城艺苑的第一个展示区，也是展园内建筑群体空间序列的起点。呼应整个园博会的创作理念，采用北方恢弘大气的古典建筑形式。整个空间由集散广场及古建门廊组成，整体采用对称严整式布局，古典的 3 开间殿宇式大门与半开敞抄手回廊相结合，典雅大气。抄手回廊内将邢台 19 个县区市的文化用一首诗的形式描写下来，挂于回廊进行展示，突出展园的科普教育功能，具有传递主题元素、吸引游客的重要作用。

1.6.2 邢台印迹展示区

邢台印迹景区是正门入园后的第一个历史文化展区（图 3），主要由 4 部分组成，陈列邢台历史成就的听泉馆，表现邢台“水涌百穴，甘露争溢”记忆的百泉鸳水，演绎汉牡丹文化的汇芳榭、千秋国华。听泉馆作为全园的主体建筑，采用重檐歇山式屋顶，内部可展示代表邢台地域特色的图文、模型及原物等，是展园内唯一的一处综合展厅。听泉馆北侧地面铺装，《顺德府舆地图》图刻，顺德府十二景文字铜牌嵌入周围铺装中。听泉馆南北均设门窗，南侧临水，供游人眺望、游憩，站在听泉馆前的眺望平台，可将汇芳榭、百泉鸳水的整体风貌纳入视线中。设计构思源于七里河的传说，以涌泉为主题，主要由鸳水亭、马跑泉及亭外形状类似马蹄印的涌泉组成。汇芳榭和千秋国华景点主要以牡丹花台体现“殿春饶富贵，陆地有芙蕖”的意境。

1.6.3 历史名人区

历史名人区围绕唐代名相宋璟的生平事迹展开，通过核心建筑梅花亭、《梅花赋》景墙、碑文景石构成梅亭碑影这一景点（图4），另有多处书法和诗赋景石，亦是对历史名人的致敬。景点周围植以美人梅、蜡梅等，高台古树之间一座梅花亭傲然其中，每年冬月亭畔雪裹梅花，与明月相映。

1.6.4 山水文化区

山水文化区主要以大陆澄波、观澜亭、邢瓷印象等景点组成。大陆泽，又名巨鹿泽，古代天下九泽之一，跨邢台6县，九水归一。在明清时期，大陆泽一派北方泽国风光，闻名远近，“大陆澄波”（图5）被录入“顺德十二景”。此处设计仿照大陆泽流域边界线进行构型，形状对位邢台市行政地图形成一个岛屿，设置螺纹形互动体验喷泉，再通过光艺术装置及荧光材料体现“波光粼粼”的意境，回望有丰厚历史文化底蕴的大陆泽，侧面表达了人类逐水草而居的基本规则。四周植以巨鹿特产串枝红杏，营造落英缤纷的杏花岛美景。“邢瓷印象”（图6）设计来自于邢窑，是中国白瓷生产的发源地。通过中国水墨渲染之地铺形式，重放邢州千年名瓷素朴之美。邢瓷印象瓶门、契合景点主题的标志性景墙，分隔不同的景观空间——千年名瓷重新放出迷人的光彩。瓶门另外一面，通过框景的设计手法，将迎晖阁纳入视线中。

1.6.5 园林文化区

邢台园林文化区以商朝修造的“沙丘苑台”为设计线索，围绕思源台这一核心景观建筑，设计了苑之源、囿之源、臺之源、圃之源、园之源等景点，共同演绎中国古典园林之源，追忆邢台的园林文化历史。该景区为狭长的空间格局，有囿的要素，有台的影子，有圃的象形，有园的内涵，旨在传达沙丘苑台成为园林雏形的核心精神所在。从中窥探“沙丘苑台”对中国古典园林的意义及邢台在中国古典园林中的重要地位。

1.6.6 新晖景区

新晖景区主要是以迎晖阁、邢襄风荷和玻光山影为主要的节点（图7）。迎晖阁整个建筑为两层半六角楼阁形式，柱色朱红，覆以歇山式屋顶，檐高飞翘，登高望远，极目舒怀。迎晖阁内可陈列近年来邢台市飞速发展的图片资料、重大事件解说等。沙河县素有“大美沙河 · 玻璃之城”美誉。将沙河玻璃元素运用到景观设计中，借以展现地方特色，同时以现代手法在玻璃上展现八百里太行的磅礴恢宏气势。在上面也可以有一些儿童去作画，增加公众参与的内容。次入口提取邢台城市图腾——卧牛元素，形成“神牛慑洪、震古烁今”的效果。

1.6.7 “非遗”展示区

邢台“非遗”展示区主要包括畅音戏台（图8）、鼓韵遗风、乱弹艺韵、梅拳演义、东北出入口等景点。邢台戏曲民俗文化丰富，遴选邢台市国家级非物质文化遗产中的戏剧类项目——威县乱弹，惟一的曲艺类项目——冀南梨花大鼓，设置乱弹、梨花大鼓等情景雕塑小品，体现邢台地方戏“弦鼓弹叩梨花落”的盛况（图9）。另外，邢台是名副其实的武术之乡，个性特色最为鲜明者，非邢台梅花拳莫属，也是邢台市首批国家级的传统体育类非遗，设置梅花桩，借由园林景观演绎中华武术：梅花拳。考虑到展后利用等问题，将此区域做成一个个串联的小空间，为以后市民的娱乐创造空间。

2 设计与施工的5个遗憾

2.1 完成度之憾

从设计师的角度看，本项目施工只完成了60%，主要是硬质景观基本完成，种植和景观小品、水景等都完成的非常不理想。硬质景观地铺由于施工材料的找寻和进场问题也做了很大的简化，整个园林的精细到不高。

2.2 植物造景之憾

设计之初对植物景观有一个大片区植物景观意境的规划，比如邢台印迹区从入口到听泉馆，是以“玉堂富贵”

图7

图8

图9

为主题，汇芳榭主要以汉武帝的“汉牡丹”为题材，东部片区做牡丹花台，遍植牡丹芍药。历史名人区梅亭碑影以“梅花”为主要的主题。大陆澄波以巨鹿特色“红杏”的为主题。邢瓷印象用樱花清雅的颜色与名瓷的素朴搭配的美感来表达。鼓韵遗风的区域希望以“梨花”为主题。由于施工季节等相关问题最终都没能得以实现。

2.3 建筑灯光之憾

建筑灯光在施工的过程中没有按图施工，后来由于开园的原因，将整个建筑体进行了简单的处理，只在顶部增加了灯光，晚上效果感觉整个建筑像漂在地面上一样。成为本次项目完成落地的一大遗憾。

2.4 地形塑造之憾

整个园区的竖向和设计竖向有一定的差距，虽然主建筑都定位建起来了，但是对于坡地、桥的一些关系做的有些错位，导致拱桥从地面先下一个坡再上桥面，从桥面下来后又从坡地上到路面上，体感比较差。

2.5 新技术、新材料之憾

对于展园来说新材料、新技术的应用是非常重要的一个环节，也是设计师们绞尽脑汁的部分。本届邢台园在大陆澄波景点利用荧光材料，创造波光粼粼的形象没有实现，螺旋形喷泉和跳泉也没有得以落地本项的遗憾之一。

3 思考与心得

通过本届园博会邢台展园从设计构思到建设落地的全过程，设计师有以下 3 个方面的思考与心得。

3.1 团队的专业性

团队的专业性分为设计团队的专业性和施工团队的专业性两个方面。好的设计团队专业知识和基础好，无论创新性多少，起码从空间、竖向、种植、建筑等方面都能够有较好的创作素质。施工团队的专业性可谓是重中之重，俗话说的好三分设计七分施工，否则本届邢台展园的建成也就没有那么多遗憾了。

3.2 设计和施工的周期

设计师的设计周期每次都是“赶鸭子式”。这种设计的周期大大降低了设计的创作灵感，尤其是在带有竞技意味的展园创作设计中，但是凡事都是双刃剑，在每年高压式的创作当中，在领导、专家、设计师等人员的共同努力下，河北省就连续轮流的在每个城市建设了一座大园林，大大的提升了河北省园林建设的水平和步伐，且一届比一届优秀。

3.3 施工条件

园林施工不同于其他建设工程，会受季节的影响，尤其是种植施工，受季节的影响更大，种植没有 100% 的完成，欠缺了非常大的中国传统造园手法的意境。因此，希望能够合理的开展切实的园林施工时间，正所谓“不谋全局，不足以谋一域”。

4 结语

本届河北省园博会已经落下了帷幕，其无论在对传统造园手法的诠释还是在继承上都堪称“永不落幕的园博会”，这一美好的景象离不开所有人的努力，有亮点亦有不足，希望每个人都能有所成长，为我国的风景园林事业贡献自己的力量。

场所·文脉——关于太行生态文明馆的设计思考

THINKING OF TAIHANG ECOLOGICAL CIVILIZATION HALL

摘要： 太行生态文明馆是邢台园博园里最主要的建筑，仅邻园博园最大的湖面，体量为园博园中普通建筑的3倍左右。太行生态文明馆的主题是和经典有关的，秉承河北建筑设计研究院对河北地域建筑的研究和探索，经典的构图元素加上现代的建筑手法，在以古典建筑为主的园区里面做一个大体量建筑，把它称为景观的一部分呈现出来。削弱它的体量，同时通过斜线和三角标志出了它的一些纪念性，包括它作为主展馆的特性。

Abstract: Taihang ecological civilization hall is the main building inside Xingtai Garden Expo. It locates nearby the largest lake in garden and three size compared to the other buildings. The theme of Taihang ecological civilization hall is related to classic. Inherited Hebei local buildings study and exploration of Hebei Architectural Design and Research Institute, classical formation elements combined mordern building technique were used in this building. Traditional buildings occupied the majority in garden and the largest building was the landmark. Moreover, part of this building was expressed as a part of landscape. Through using diagonals and triangles, memorial function of this building was founded.

关键词： 太行生态文明馆、地景建筑、园博园建筑

Key words: Taihang Ecological Civilization Hall, Landmark building, Garden Expo building

王新焱

WANG XINYAN

大连理工大学建筑学硕士、河北建筑设计研究院有限责任公司副总建筑师。2017年参与设计的中山博物馆在全国优秀工程勘察设计行业评选中荣获优秀建筑工程设计一等奖，2018年参与设计的石家庄大剧院荣获河北省优秀工程勘察设计行业一等奖。

鸟瞰图

1 太行生态文明馆场所特质

太行生态文明馆位于整个园博园的轴线东侧，紧邻园博园最大的湖面，是园博园里最主要的建筑。因为是在一个大公园里做建筑，太行生态文明馆的建筑设计和普通的建筑设计是有一定的区别的。在城市里做设计的时候，建筑是主角的身份，在园博会里建筑则是园林的配景。定位好配景的身份，设计合宜的建筑，使园博园更有助于园林主题的展示。

邢台园博园的建筑设计是以苏州园林为主要风格，大部分建筑是仿古的建筑，多层建筑，体量较小，组合形态为建筑群和中式建筑标准的布局。太行生态文明馆作为主展馆整个建筑面积为1.7万m^2，是一个体量非常大的建筑，为园博园中普通建筑的3倍左右。从肌理分析图上看如何把它做的不突兀，不把它变成一个巨大的体量堆砌在园林中，给园林产生不利的影响是设计的难题（图1）。

在分析过园区主要游线和太行生态文明馆基地的位置后，如何吸引园区内的人流，让别人注意到它并进入主展馆，也是一个设计的难点。虽然它有特别大的体量，但不能通过大体量吸引人流（图2）。

第三个设计的难点是通过这个园路可以看出，只有太行生态文明馆的场地是呈半岛状态在湖边的，其他的地方湖岸都比较薄，园路离湖岸都比较近，所以整个建筑和水的关系成了设计的一个重点。这么大体量的建筑如何和水产生互动，其实是两层关系：一是在湖岸这边的人看到我们的建筑是怎样的建筑，二是游人来到我们场地建筑之后，如何通过观赏我们的建筑，感知到核心景区的水面，这也是重要的人和场所的互动设计。

2 太行生态文明馆文脉属性

2.1 太行山的自然特质

从文脉上讲我们设计的主题叫太行生态文明馆，在一个苏式的园林里太行文化有一个什么样的呈现和表达，需要有一定的挖掘，这在建筑设计中是有所体现的。前期的分析得出，太行山和其他的山是有一个区别的。它是划分黄土高原和华北平原的一个天然的分界线，所以它从形态上来讲和其他的山有所区别，太行山比较平直和舒展。在河北华北平原这边呈现出一个断崖式的形态，而连接黄土高原的一边则是缓坡。所以它没有特别尖锐的山峰，都是连绵起伏、平直舒展的山峦。中国的水是自西向东流，太行山脉里的水会冲刷出这些峡谷，峡谷里面有险峻峭壁的自然景观，同时也有太行八陉，就是通过山水冲刷出来的峡谷来沟通太行山。这也是太行山最重要的地貌特征，也就是说它平直舒展的天际线和峻峭的峡谷断面形成了它的地缘特点。这也是整个河北地区人审美的一个特点，可能并不是特别险峻的山脉，就像整个河北的审美情趣一样，需要的并不是非常夸张的装饰，而是平实朴素，平直大气的审美意向。

2.2 文化的碰撞与融合

太行山所处的华北平原正好跨越了400mm的降水量线，这是游牧民族和农耕民族经常交汇的一个点。从这个角度来讲太行山也是两种文化相互学习和交融的地方，所以太行山文化里面有一种文化交融的概念在里面。因此太行生态文明馆的建筑设计也要能表现出这样的意向。

3 太行文明生态馆功能

太行生态文明馆功能上是一个展馆，里面集合了主展厅、会议厅、多功能厅、媒体中心，整个园区的管理用房、办公室、还有面积很大的花卉展厅。同时在这个场地里面还集合了一个湖区码头，以及一个沿湖的景观步道，功能具有综合性。

4 解决总体策略和方案生成

太行生态文明馆的主题是和经典有关的，秉承河北建筑设计研究院对河北地域建筑的研究和探索，经典的构图元素加上现代的建筑手法，因地制宜的赋予河北建筑新的诠释。

首先在场地上确定一个方形和圆形的基本构图（图3），这个方形也是对整个园区中其他场地的一个致敬和呼应，因为所有的中式建筑大部分是以矩形的构图或者是长方形的构图完成的，同时方形的形态在结构形式也是最合理的一种。第二在这个场地里面做了一个弧线和矩形，产生一个包绕的关系，也形成水面和地面之间的交叉，弧线有最大的延展面，所以将弧线面向水面，也是希望场地和水的关系能更加亲切，所以确定了这两个形态。

在此形态上进行了一些变化，再往下是刚才提到的太行山地貌的特征，它有一个缓坡的倾斜，还有陡峭的岩壁划分了黄土高原和华北平原。所以把矩形做了切削，把其中一侧压到地面的高度，形成一个缓坡。另一侧以陡峭岩壁的形态出现，模拟太行山的山势。同时也应对了一个场地的需求，这个坡正好是面向湖面的（图4）。就这个建筑来讲，将来如果做成一个上人屋面的话，上人屋面正好和大的水面和景观有一个非常良好的互动。从一个简单的斜面来讲，不论是处理建筑功能还是整个环境的体量都可能过于单调，所以我们做了一些小小的变化，将这个矩形的一个角向上做了一个拉伸，沿对角线方向就会出现一个折面，丰富了建筑造型（图5）。同时沿湖面的这个锐角的角度也比较大，形成一定的标志性和纪念性。前面讲到的就是如何把人吸引过来，以及作为一个主展馆它的标识性是如何产生的。

测算这个矩形，如果是按照这个尺度来做的话，整个展馆做下来可能要做到20多m，将近30m，这是一个

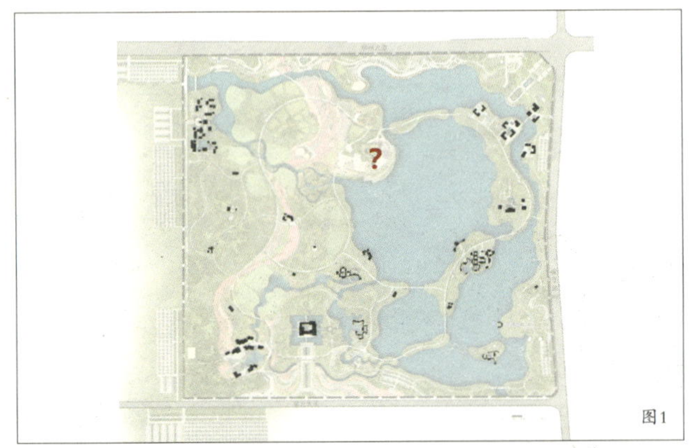

图1

图2

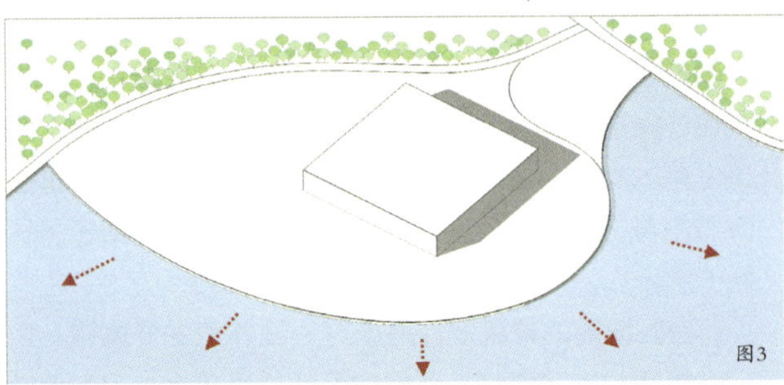
图3

图4

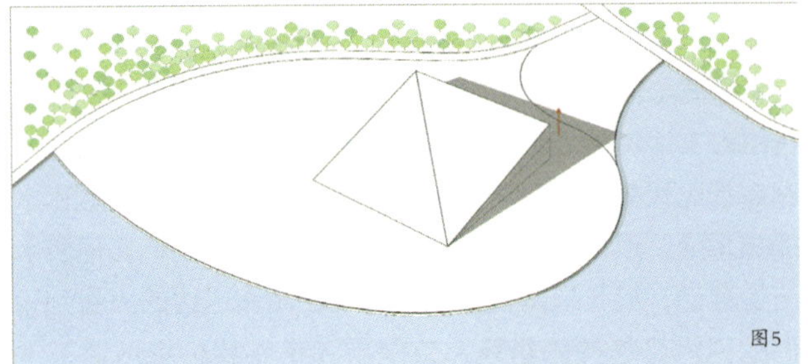
图5

非常巨大的体量。对核心的景观和湖面都会产生非常大的压迫。所以设计了一个下沉广场，以一个开放式的螺旋曲线连接到主体的园路。让主要建筑物有一层的空间是在地下的（图6），从正负零的方向来看建筑往下降低了6m，减少了体量的压迫感。因为整个建筑是做在采空区上的，给这个地基施加越多的重量，对基础和对地下的结构是越不利的。所以通过这个下沉广场，挖出的土，挖走了多少重量，压上来的这个建筑几乎和它持平，不给采空区多余的负载。

当然，园区还需要一个建筑和水的互动，这个互动并不是说从形态上做一个简单的互动，而是希望游人在进入这个园区时能有一个时刻在水边漫步的体验。所以我们设计了一个中心的庭院，这个庭院同样模拟了太行山这种被水冲刷出来的峡谷的状态。同时这个曲面是一个玻璃的内庭院，游人走到这里面通过场馆里面的参观，他是层层向上的，刚到下沉广场的时候是看不见水面的，通过一层的展区循环往上走，走到二层的时候通过玻璃面就能感知湖面了。再走到建筑最顶层的时候就可以达到湖区最高的制高点，园区景观豁然开朗，能看到整个场地，整个开场的水景（图7）。

下沉广场加上台壁，翘起的这个部分作为主入口，建筑走完了之后在屋顶又做了一个平台，也就是参观完最后一个展厅来到平台上可以俯瞰整个园区和整个湖面的景观，同时在斜的坡面上拾阶而下走到滨水湖景栈道上体验湖景的空间。也就是说它用一个完美的体量，应对了前面所有的关于场所和文脉的问题。

从细节上说，外部幕墙附以凹凸线性变化的材质抽象表达太行山山峰凛冽、激越雄浑的风貌特征（图8），我们选择了一种横向线条的装饰混凝土板，因为整个建造和设计周期的时间，还是有一些遗憾的，木墙比较简单，只是将装饰板挂在上面。因为是园林博览会，所以我们设想把木墙的细节做一些处理，木墙上留一些天然缝隙，通过时间，通过下雨、刮风会有一些草籽留到里面，然后这个木墙上会自然生长出一些绿色的植物，这可以和建筑的绿色屋面形成一个呼应，就像太行山脚下的一块石头，上面长了青苔，给人一种自然的感觉，把整个场馆包裹起来。

5 设计总结

太行生态文明馆是一个在中国古典园林中的建筑，它作为园区景观的一部分呈现出来，而非一个建筑。虽然它在园里面占据了最大的体量，但是通过种种手段它的体量被削减了。同时通过斜线和三角标志出了它的一些纪念性，包括它作为主展馆的标志性（图9）。

图6

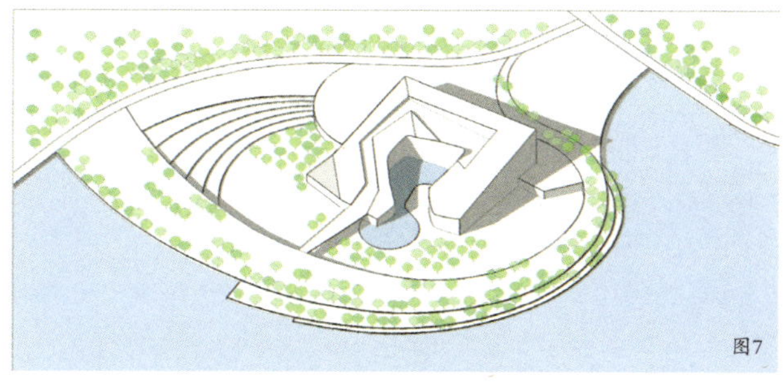
图7

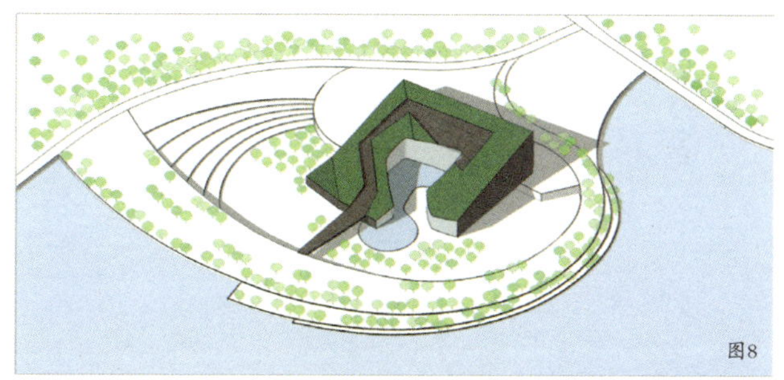
图8

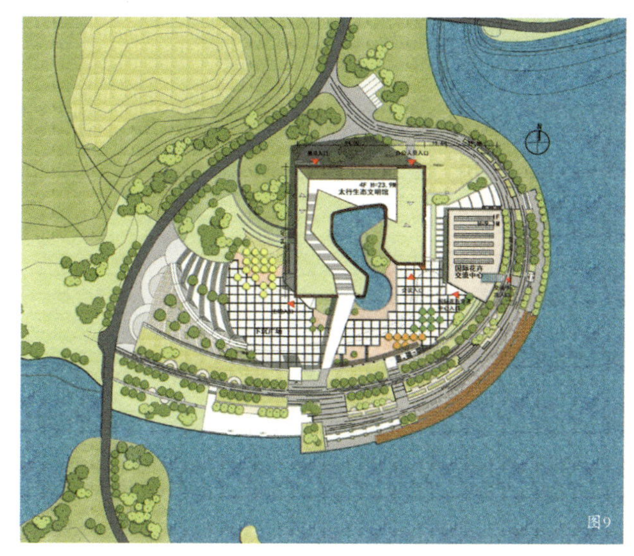
图9

图1 园博园建筑肌理
图2 园区主要游线
图3 建筑基本构图
图4 体块切削
图5 体块抬升
图6 下沉广场
图7 屋顶观景平台
图8 外部幕墙
图9 总平面图

新文旅时代下的儿童空间创新表达

INNOVATIVE EXPRESSION OF CHILDREN'S SPACE IN THE NEW CULTURAL TOURISM ERA

摘要： 赢得团队很重要，需要找到价值观高度一致的，相互认同和喜爱的团队，成为深度的持久的合作伙伴，而不是甲乙方的关系，情怀很重要 。

Abstract: A team with highly consistent values, mutual recognition and love is strongly required. Feelings is vitally important in the process of becoming a deep-leveled and enduring partnership, instead of relationship of Party A and Party B.

关键词： 皮影主题乐园、新文旅时代、城市更新
Key words: Shadow Puppetry Theme Park, New cultural tourism era, Urban renewal

张美佳
ZHANG MEIJIA

奥雅设计北京公司项目总监，硕士毕业于哈尔滨工业大学景观设计专业。有10余年景观设计经验，参与负责过的项目类型丰富，公司项目如南阳李宁体育公园、钱学森纪念园、襄阳连山湖公园等；商业办公项目如泰禾中央广场、万科观承商业地块等；住宅项目如金隅合肥叉车场地、天津海河金茂府、天津远洋宜兴阜等。

中国唐山皮影主题乐园

1 新文旅时代，城市更新运动正在悄然来袭

中国唐山皮影主题乐园是在2016年世园会的旧址上改造而成，因此核心问题是如何让它重新爆发出生机和活力。皮影文化是中国非常重要的非物质文化遗产，而唐山皮影是非常有名的，所以设计团队给出了"舞动的皮影，行进的唐山，最古老的动漫，最时尚的皮影"这个主题。用这个主题把整个空间氛围和非物质文化遗产进行传播。

从总平面图可以看到园区主要道路、交通流线、现状植物、建筑都是2016年世园会旧址留下的，所有改造都是在2016世园会旧址的基础上加工和完善的（图1）。

设计团队通过32个大项和144个小项的游玩项目，把整个片区进行激活。在设计上首先把皮影文化进一步再造和融入，形成完整的20万m^2景观设计改造工程。设计团队在皮影主题乐园里还做了真人CS，萌宠乐园等娱乐项目，主要目的是把自然的特性进一步发展和延伸（图2）。

2 通过唐山皮影主题乐园设计心得

第一是把握传承的重要性。非物质文化遗产如何更好地走进生活，走向世界。皮影本身是一个平面二维艺术，如何把它变成人们可以参与的艺术呢?

我们在整个皮影乐园中建造了一个高达20m的皮影塔，图片中左边的是皮影妈妈，右边是皮影爸爸，中间是皮影宝宝，它们组成了皮影一家人，团队在设计中最大化地呈现了皮影艺术，也使这个公园更加乐园化，让人在这个空间中更有体验感（图3）。

现在人们对皮影文化了解很少，所以设计团队希望孩子们可以通过游玩感受到中国传统文化的博大精深，更好地了解皮影，并走进皮影，让非物质文化遗产得到更好地传承。

第二点是将新文旅时代地产化,为它们创造始独一无二的场地特色，找到灵魂，找到定位，核心是创意和创造性，打造独一无二的IP和故事，挖掘精神内涵。新文旅时代最大的特征就是去地产化。皮影是原本的主题，但是怎么找到整个场地中的IP呢? 皮影是很平面化的艺术，参与

感不强。当时设计师在现场看到了很多小兔子，所以我们凭借这些小兔子打造出了皮影兔和皮影一家人的IP。另外场地内所有设施以及互动装置，都是和皮影兔相结合的（图4）。

第三是国际视野，现代审美，设计与艺术相结合。中国文化博大精深，我们应该把中国文化和现代审美相结合，让中国文化走进国际视野。所以园区中所有设施都是结合皮影兔IP进行整理的。在园区中，设计团队不仅做了室外景观设计，还做了室内改造，包括家具在内都是设计师精心挑选的，我们希望用心带动设计行业的整体发展。

第四是“以人为本”，强调人的使用，以及对家庭的关注。我们希望所有的设计都要“以人为本”，所以在设计中我们更多考虑到的是大人和孩子在一起，这个园区不止属于孩子，同样也属于他们的家人。

园区中一个名为黑森林的设计，是整个园区中

图1 中国唐山皮影主题乐园总平面图
图2 中国唐山皮影主题乐园局部鸟瞰图
图3 皮影塔
图4 皮影兔
图5 黑森林
图6 魔幻森林

图3

图4

图5

图6

最火爆的一个设施。这个设施最低点离地面7m，最高点离地面12m，整体走下来需要半个小时，但是它被称为整个园区最好玩的一个景点（图5）。

第五是营造场景氛围，顾及全时段的体验。团队在设计中认为氛围很重要，所以在园区中营造了节庆的氛围。此外，整个场地中还设计了一个名为魔幻森林的夜间体验区域，这个区域的开放时间是晚上7～9点。它强调的是声、光、电的互动和体验。团队还和一些灯光设计师进行了深度合作，目的是呈现出更好的体验效果（图6）。

第六是团队专业化，用最短的节点达成最高效的成果，这需要十足的战斗力。100人的设计团队，包括团队的跨界、融合、资源整合，这些都是项目落地非常重要环节。

第七是团队配合。团队里的成员需要有相同的价值观，相互认同且彼此喜爱，这样才能成为深度的持久的合作伙伴，而不仅仅是甲和乙方的关系。在唐山皮影主题乐园项目中，除了唐山世园投资发展有限公司外，也得到了唐山市政府的大力支持。这个项目是EPC项目，从设计到工程，再到施工全程化、一体化，这也是能够保证唐山皮影乐园成功落地非常重要的因素之一。

第八是将运营和服务作为项目主导，将情怀作为项目辅助，找到园区的产业和商业模式。唐山皮影主题乐园项目的整体运营不是特别理想，外界知道这个项目的人比较少，我们希望以后可以把好的运营模式融入到我们的项目中，让项目发挥出最大的作用。

导视系统的文化属性
CULTURAL PROPERTY OF GUIDE SYSTEM

摘要：设计导视系统要凸显地域文化特色，凸显园林文化的特色，符合空间环境和行为科学，符合不同人群认知习惯，并在文化多元化时代做好文化传承。

Abstract: To design guide system need to highlight regional culture charateristics and landscape culture charateristics, to conform space environment and behavioral science, to conform cognitive habits of different people, and to inherit culture in this cultural diversity age.

关键词：园林导视系统、文化传承、河北省园博会
Key words: Landscape guide system, Culture inheritance, Hebei Garden Expo

张楠
ZHANG NAN

石家庄常宏建筑装饰工程有限公司综合设计部副总经理、设计总监，中国建筑学会室内设计分会会员，2010年河北省第三届环境艺术设计大赛荣获工装类一等奖，在2013年由中国建筑装饰协会、清华大学美术学院等机构举办的第八届中国国际建筑装饰及设计艺术博览会荣获中国50强商业规划及建筑设计师。

第三届河北省园博会信息牌

导视系统和园林不太一样，它更像媒介，就像是我们作为人与自然及建筑的传播媒介一样，这也是它的作用。

园林导视系统设计概念不是单一的，需要把多种因素综合考虑在内，以实现其自身功能及延伸理念，不仅要协助游客进行一次安全、顺畅、完美的视觉体验，还要烘托出景区的文化内涵、人文基因，提升景区的文化印象。

1 凸显地域文化特色

设计导视系统的时候，在传达环境空间文化属性的同时，还要凸显场地的精神文化内涵。其设计要素是以服务对象的发展历史、文化内涵、地理环境等进行挖掘的，这就注定了其表现形式与环境空间必须共同作用，共同构建出信息以引导游人对整体环境的认知。

纽约总督岛的环境导视系统（图1）都是根据当地特色设计的，这是国外工业建筑改建成民用和商用综合体的形式。这个建筑非常有特色，由于它于20世纪20年代建造，所以表现形式利用了跟当年很类似的手法。

2 要凸显园林文化的特色

园林吸引游客的主要原因是具有独特的文化特质，这对园林形象的提升、特征的凸显、地域精神的强化等起着决定性的作用。以园林文化特色作为导视设计的立足点之一，有助于游人在认知和应用导视系统的时候感受到园林所具有的特有文化气息，延续园林文化传承。

3 符合空间环境和行为科学

导视系统最基本的功能是让使用人群更方便、便捷地辨识环境。各种导向标识会在游客游览过程当中，无声地出现在游客最需要它的地方。而游客会通过导视系统感受和了解园林信息，所以我们在做标识系统的时候，要注重标识和人的互动关系。良好的园林导视系统可以作为传播载体，影射园林的形象。我们现在把电子性的内容加到标识中去，包括二维码的添加、一些电子信息载体的嵌入。而且在园林的导视系统里面设置的位置和出现的形式等一系列都要与周边的环境和谐的统一。

导视系统还有非常强的导向性，因为在空间里面，尤其是在园林的空间里面有很多层次和路径。如何让人快捷地找到自己所在的位置和需要去的位置，都需要标识具有很强烈的导向性，让人一目了然。所以在图形和色彩上面会做得比文字要多一些，因为这是最容易被人识别的方式。

4 符合不同人群认知习惯

园林的导视系统，必须要兼顾不同文化、地区的认知

图1

图2

习惯。个性化、特色化的园林导视系统设计，有助于给身处其中的游客留下深刻的印象，导视系统作为一种视觉语言，其本质作用是加强这种信息的沟通，然后提高识别和传播的效率，引导游客快速准确地前往目的地。因此必须要能够给被人们视觉所触及和观察到才能发挥其功能，实现人和导视系统之间的信息交流和传递，在导视系统设计中，必须坚持形式服从于功能的基本原则。

这些都是形式，用形式来满足功能需要，然后用形式作为最为直接的指引，提供人们方向性。比如图的形式的一些办法，在公共空间里面会给人完整的形象。

5 文化多元化时代导视系统的文化传承

在当今这个信息爆棚、文化多元化的时代，各种文化碰撞交融，这就要求导视系统结合时代因素，在设计中赋予民族精神，以新的时代内涵，“东魂西技”融为一体，以传统文化为本，融入现代手法创作演绎，既实现传统文化的继承与发展，又符合时代发展潮流。以达到实现利用地域文化特色，唤起区域居民心理上的共鸣，推进外来游客对城市的认可与欣赏，树立良好的城市形象，增加城市品牌的知名度，推动城市不断发展的目的。（图2）

6 河北省第三届园林博览会的导视系统

第三届园林博览会导视系统的设计理念是简约，通过简约的创作手法融入古典的园林洞门形态（图3）。采用一种包容的灰色系为主色调，便于与自然融合。以压光、磨砂的金属为材质。人走到这个区域的某一板块的时候，该板块于总平面图中凸起，非常新颖别致。因为对经济的要求，我们同时考虑了成本。想达到的目的是通过设计，引领游人适应产品或环境，让标识不受限于特定的人群，让大家在能接受的同时不受限于特定的时间场所。它有非常好的易读性，从而使产品更容易被人使用，使空间环境更容易被认知。

包容性和无障碍性，都强调了将弱势群体作为主要的设计对象，在设计的时候考虑的是老中青人群、残疾人和孩子。因此不同人群的需求、高度、认知的水平和受教育的程度都要考虑。我们不仅要强调这些群体的差异性，还要关注所有人群在时间和空间上的普遍性，才能真正体现设计“以人为本”。

我们想达到的目标就是易于理解，广泛适用，具备安全感、亲近感和美观性。我们将传统园林的中国洞门的形式做了继承，用它做了形象的元素和概括。我们在形式上面追求现代精简，色彩上保持沉稳，材质上对环境友好，工艺上细腻，然后把它作为区域的一个代表性的符号（图4）。

包括大型的信息牌，我们用园林的特征作了一个整体指示的形象。包括我们现在看到的这个区域就是一个凸起的立体形式。

我们的标识要融于现代园林的环境当中，不刻意地用特殊的造型或材料去把它过分的凸显出来，而是要与自然的园林环境融合。包括上面一些标识的形式我们用的非常简洁、易懂，采用简笔画的形式做成一个图形的标识。

艺术馆内公共区域的一些室内装饰，我们设想是把建筑整体的外观形式引入到室内。但是室内有两点要求，首先是成本，其次是功能。因此我们把建筑的一些语义运用到公共空间里，做得相对简化和低调。

南边的游客中心，我们用了一些采自河北省内的天然的材质，用园林的手法再做一些室内的装饰。盆景园的茶室和展厅，用的材料和形式语言都是统一的。

图3

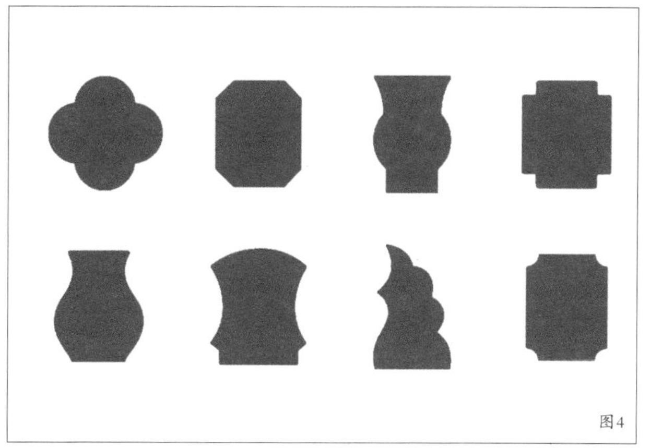

图4

图1 纽约的总督岛的环境的导视系统

图2 知美术馆的标识

图3 古典的园林洞门形态

图4 精简化的古典的园林洞门形态